高效
邮件工作法

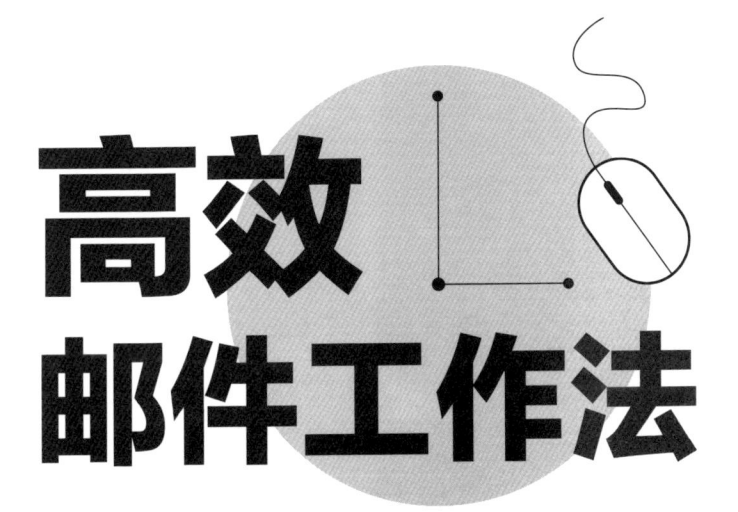

仕事が速い人はどんなメールを書いているのか

[日] 平野友朗　著　　王振瑜　译

中信出版集团 | 北京

图书在版编目（CIP）数据

高效邮件工作法 /（日）平野友朗著；王振瑜译
. -- 北京：中信出版社，2020.4
书名原文：仕事が速い人はどんなメールを書いているのか
ISBN 978-7-5217-1531-6

Ⅰ.①高… Ⅱ.①平…②王… Ⅲ.①电子邮件—关系—工作—效率—通俗读物 Ⅳ.①TP393.098-49 ②C935-49

中国版本图书馆CIP数据核字（2020）第027612号

SHIGOTO GA HAYAI HITO WA DONNA MAIL O KAITEIRU NO KA
Copyright © 2017 Tomoaki Hirano
Chinese translation rights in simplified characters arranged with BUNKYOSHA CO., LTD.
through Japan UNI Agency, Inc., Tokyo
Simplified Chinese translation copyright © 2020 by CITIC Press Corporation

本书仅限中国大陆地区发行销售

高效邮件工作法

著　者：［日］平野友朗
译　者：王振瑜
出版发行：中信出版集团股份有限公司
　　　　（北京市朝阳区惠新东街甲4号富盛大厦2座　邮编 100029）
承　印　者：北京诚信伟业印刷有限公司

开　本：787mm×1092mm　1/32　印　张：4.5　字　数：71千字
版　次：2020年4月第1版　　　　印　次：2020年4月第1次印刷
京权图字：01-2019-4656　　　　广告经营许可证：京朝工商广字第8087号
书　号：ISBN 978-7-5217-1531-6
定　价：39.00元

版权所有·侵权必究
如有印刷、装订问题，本公司负责调换。
服务热线：400-600-8099
投稿邮箱：author@citicpub.com

前言

"邮件太多，顾不上别的工作……"

"不知道该怎么回复邮件，好苦恼……"

"一收到新邮件，心里不由得就很在意……"

大家在工作中是不是经常遇到这些问题？我们需要处理的邮件，每天都在增加，因此需要高质高效地回复每一封邮件。当然，想提高回复邮件的质量，多花时间就可以做到，但是这就难免侵占其他工作的时间了。况且，如果回复邮件的时候只是进行事务性的说明，会让人觉得高冷，甚至还有可能引起收件人的不愉快。该怎样处理这种进退两难的情况呢？

在此，先容我简单自我介绍一下。

我于2005年出版了《让你的工作发生戏剧性改变的邮件写作技巧》一书，从此开始了与商务邮件相关的写作和教育培训。至今，我已举办了从"邮件写作技巧的提升"

到"通过高效处理邮件提升业绩"等 1 000 余次演讲及培训，委托方包括政府、企业、团体、学校等，这也证明邮件的撰写和回复方法是各行各业都非常重视的。

近年来，正如本文开头所言，表达"邮件处理不过来"、"想缩短花在每一封邮件上的时间"的声音越来越多，这大概是因为职场环境有了很大改变吧。随着"禁止加班"的政策在各企业的推进，如何在有限的时间内高效完成工作这一课题的重要性便更加凸显。

在培训中，我修改了大量的邮件。例如，某企业将其所有向外发出的邮件都密送给我，而我则在 24 小时内修改完成并回复给发件人，以这种方式进行指导。截至目前，我修改过的邮件已经超过 1 万封，邮件的内容不尽相同，发件人的性别、年龄、职业、职务等也形形色色。

在这些邮件中，大部分都有让我担忧之处，"这样写会让收件人不好理解吧？""为什么会用如此失礼的措辞呢？""这样写邮件，收件人容易误会吧？"……

当然，其中也有若干封让我这个常年与邮件打交道的人也由衷赞赏的优秀邮件。此外，我每天都会收到 300 余封邮件，这其中也不乏让人眼前一亮的邮件。在接触这些邮件的过程中，我发现了一个"事实"，这些"邮件达人"

处理邮件都惊人地快。进一步说,不止邮件,他们处理其他工作也一样迅速。

"高效能人士=处理邮件迅速的人",我深感这一规律是成立的。

我自己也会在工作中有意识地总结快速处理邮件的方法。如何缩短处理邮件的时间,哪怕只有一秒?如何减少邮件的往来次数,哪怕只有一个回合?我常常思考这些问题。也正因如此,我现在基本能把每封邮件的处理时间缩短至1~3分钟。

这并不难,只要知道其中诀窍,任何人都能做到。这些诀窍是我根据自身工作以及翻阅修改上万封邮件的经验总结出来的,将其用于实践中,必能高效处理邮件,请务必尝试一下。

希望本书能够帮助到更多的人。

平野友朗

目录

1 高效能人士如何写邮件

处理邮件迅速的人工作也高效？/ 2

高效能人士这样写邮件 1：掌握"主导权"/ 4

高效能人士这样写邮件 2：不做无用功 / 6

高效能人士这样写邮件 3：不排优先级 / 9

高效能人士这样写邮件 4：提前考虑对方的想法 / 11

高效能人士会注意的 5 个要点 / 13

2 带着目的去写

所有的商务邮件都有"目的"/ 20

传达"目的"所必需的"6W +3H"/ 22

发送邮件之前构建好脚本 / 26

根据预判写邮件 / 29

在效果最佳的时机发送邮件 / 31

言出必践 / 34

发邮件时不要怕出错 / 36

3 在视觉效果上下功夫

易读和想读的邮件会被优先处理 / 40

分段、空一行使正文美观 / 43

分条列出，便于收件人理解 / 46

写邮件须注意的 7 个要素 / 48

把邮件的目的写在前面 / 52

内容尽量精简 / 55

4 使邮件更易回复

看上去有些棘手的邮件将得不到回复 / 60

给素不相识的人写邮件要像写情书一样 / 62

自己先成为对方的粉丝 / 65

加入关键词，让收件人看到邮件名就想打开 / 66

发送催促邮件时要给对方留"台阶" / 69

只要超过期限一秒钟就可以问询 / 72

设置选项，诱导回复 / 75

重视感情交流 / 76

5 使用戳中对方内心的语言

用语言打动对方 / 82

提前储备能用上的语句 / 83

将消极语言转换为积极语言 / 86

删除多余的开场白 / 89

不要使用"有空的时候" / 91

不要使用"请允许我" / 93

不要轻易使用"我认为/我想" / 94

应对愤怒邮件的 3 个要点 / 96

敢于询问不好打听的事 / 99

注意不同表述的轻重程度 / 101

6 缩短邮件的处理时间

缩短邮件处理时间的 4 种方法 / 106

收到邮件立刻回复 / 107

不能处理的时候不查看邮件 / 109

不能立刻回复的邮件，先回复"已收到" / 111

利用部分引用快速回复 / 113

加入的 CC 越少越好 / 116

适当使用邮件之外的联络方式 / 119

利用自定义短语实现快速输入 / 121

120％地利用模板 / 123

摘选关键词实现速读 / 126

后记 / 129

1

高效能人士
如何写邮件

处理邮件迅速的人工作也高效？

正如前言中所述，迄今为止我已经翻阅修改的邮件超过1万封。它们都包含必备的要素吗？没有容易造成误解的措辞吧？遵循最基本的商务礼仪吗？……带着这些问题，13年间我翻阅了职业、职务、性别、年龄各不相同的人的邮件，从中发现了一个规律，即"处理邮件迅速的人 = 高效能人士"。有人觉得这是理所当然的，然而它遵循的并不是"**处理邮件迅速→分配给邮件之外工作的时间增多→工作进展顺利**"这么简单的因果逻辑。

处理邮件需要具备几项技能。最基本的，是电脑操作能力。对于每天要处理几十封邮件的人来说，如果只会用"一指禅"打字，打字速度慢，处理邮件的速度也必然慢。当然，仅仅打字神速是远远不够的，更重要的是邮件内容的写作。没有"写作能力"和"语言能力"，就无法将自己的意图正确地传达给收件人。

另外，阅读收到的文字（邮件）时，尽快了解内容的"阅读理解能力"也是必备的。而在回复邮件，以及向领导汇报工作的时候，需要具备"概括能力"。通过邮件使工作井然有序进行的"计划能力"，也是不可或缺的。而且，如果把邮件往来作为交流的一部分来考虑的话，写邮件时应该怀有对收件人的"关心"与"考虑"。

机智的你可能已经发现了，这些都是各种商务场合需要的能力。换言之，我们说邮件的操作中渗透了商务活动的精髓也不为过。

其实，从一个人处理邮件的方式中，就可以真实地看出他的商务素养。（开个玩笑，在我看来，与其通过学习能力测试和小论文来考察新员工，不如让他写几封邮件，这样更能了解他是否适合工作。）如此看来，处理邮件的技能与工作的质量和效率息息相关，然而绝大多数职场人士对此却并没有深入的认识。

为什么呢？

因为写（读）邮件是极度个人的行为，其间的技巧和功夫别人很难看到。例如，电话沟通技巧是可以从别人那里学习的。如果你在打电话的时候说了什么不妥的话，身边的领导和同事可以指出来；听到别人打电话，也可以从中参考学习语气、措辞、表达方式等。至于邮件，你几乎无从知晓别人是在什么时机发送了什么样的内容。

此外，大部分人仅仅把邮件当作交流的工具来使用，并没有下功夫打磨其中的技巧。这也是邮件的重要性难以被理解的主要原因。工作能力强的人在写邮件的时候深思熟虑、顾及全局，而那些没有把邮件当回事儿的人，恐怕看不出其中的门道。所以，那些写邮件慢的人以及被邮件影响到整体业务的人，反而更难发现问题。一封邮件写一个小时，在旁人看来他确实一直在工作；因为邮件惹对方生气了，跟领导解释说"只是因为对方偶尔心情不好罢了"，这好像也说得过去。这样一来，问题只会越来越难被发现。

邮件是现在商务工作中不可或缺的一部分。尽管如此重要，但邮件处理全靠个人技能，就像"黑匣子"。因此，我们必须解剖"黑匣子"，进一步剖析高效能人士与邮件的关系。

高效能人士这样写邮件1：掌握"主导权"

到目前为止，我多次提到"高效能人士"这个说法。也许你会问："高效能人士到底是什么样的人？"工作的快慢是主观的判断，所以很难找到唯一的答案，但是大家身边总会有这样的人吧："这个人的工作总是井然有序的"，"那个人每天准点下班，但都是把该做的工作做好了才走

1 高效能人士如何写邮件

的"。可以确定的是,高效能人士和做事拖延的人有明显的区别,前者在工作中具有一种特别的意识。

实际上,在我所认识的创业者以及在培训等活动中接触的优秀企业家身上,我能感觉到一种共通的思维。

那么,高效能人士在思考什么呢?而这又与邮件的处理有何关系呢?为了解释这些问题,我们需要明确高效能人士究竟是什么样子的。

* * *

高效能人士最常考虑的就是工作的"主导权"。不用说,怠慢是做不好工作的。例如销售工作,与客户接触后,如果后续工作没有跟上,单子一定签不下来。我初入职场时,进入第一家公司,就是从事销售工作。当时我接洽了很多目标客户,但是我经验不足,对于那些没有反应的客户,便认为是对方不感兴趣,于是就气馁了,没有继续跟进。后来我才知道,客户没有反应不是不感兴趣,可能碰巧时机不对。即使对方没有反应,如果我能坚持联络,结果也许会不一样。而当年的我,没有掌握工作的"主导权"。

有的人可能会误会,以为掌握主导权就是支配对方,其实不然。掌握主导权是指自己积极主动地进行沟通，推进工作，先发制人。高效能人士始终保持着这一意识。处理邮件也不例外，不擅长处理邮件的人基本都是被动的，任由邮件摆布。对每一个新邮件提醒，都觉得应立即做出反应；或者邮件的往来变得像聊天一样，没有重点又无休无止；又或者只是坐等对方的回信，导致工作毫无进展。这些可以说是受外因影响完全无法控制邮件的状态，导致只是处理邮件就要花费过多的时间。

原本就没有谁规定收到邮件必须立刻查看，高效能人士深谙其道，所以会自己掌握查收邮件的时间，也会结合工作需要制定合理的回复时间。如果需要说明的内容太复杂，那就不要回邮件了，直接打电话吧。高效能人士是不会被邮件束缚的。他们不会忙完一天的工作之后再去处理手头需要回复的邮件，因为不回复"需要回复"的邮件，就意味着让等待回复的发件人的工作因此而停滞。

高效能人士这样写邮件2：不做无用功

高效能人士不喜欢无用功。这里所说的无用功，指的是原本不用做，却因为没有安排好而不得不做的所有工作。

高效能人士如何写邮件

高效能人士效率优先,一定会杜绝无用功导致的工作停滞。在什么时间做什么事情才能以最快速度达到最好效果,他们以这样的思维面对工作,所以在处理邮件时也会考虑尽量不做无用功。在这一基础上,再考虑如何尽可能地缩短邮件的处理时间。邮件的处理时间大体可以用下面的公式计算得出:

邮件的处理时间 = 读邮件的时间 × 收到的邮件数 + 写邮件的时间 × 发出的邮件数

假设某人平均每天收到 20 封邮件,发出 10 封邮件,处理每封邮件大概要花 10 分钟。假如把每封邮件的处理时间缩短至 5 分钟呢?或者把需要处理的邮件数减少一半呢?如此一来,每天处理邮件的时间可以缩短一半(当然,这是理论设想,实际并非如此简单)。

从这一角度看,缩短邮件处理时间,重要的是避免做无用功。例如,高效能人士不会在邮件中提议"**既然这样的话,我们让相关人员聚在一起开个碰头会吧**"。因为一旦收件人同意开碰头会,就又要开始邮件沟通日程。如果一开始就把自己的日程告知收件人,就可以减少一来一回的无如何计算邮件的处理时间？

```
    邮件的处理时间
         ‖
    读邮件的时间
         ×
    收到的邮件数
         ＋
    写邮件的时间
         ×
    发出的邮件数
```

例 平均每天收到20封邮件，回复其中的一半。阅读邮件的时间约为1分钟每封，写邮件的时间约10分钟每封。

1分钟×20 ＋ 10分钟×10 ＝ 120 分钟（2小时）

用功。有的人会担心，先把自己的计划告知收件人会让人觉得自己是强加于人，这其实是多虑的。相反，这样会减少邮件的往来次数，从而减少收件人的工作量。

双方邮件往来没完没了的情况也是同样的道理。回复致谢邮件时，如果写了"别客气，这是小事儿一桩，以后有需要的话……"，收件人可能就又要回复了。这样一来，邮件的往来就没有休止了。在预计又要开始一轮邮件往来的时候，用不回复的方式表达"已收到"，也是为对方考虑。从结果来看，这也减少了邮件的数量。

另外，词不达意也是导致多余的邮件往来的原因之一。收件人不能理解邮件内容，就会发邮件问"对于刚才收到的邮件，有一些需要确认的内容……"。传达的信息不精确，导致增加原本不必要的往来邮件，不得不说这是极大的无用功。因此，高效能人士会注重使自己的邮件简单明了。让所有人都能理解并非易事，但至少在写邮件时有意识地不出现容易引起误解的内容，可以切实减少无用的邮件。

高效能人士这样写邮件3：不排优先级

高效能人士反而不会给工作排优先级，这应该会让很多人出乎意料，但确实是我的切身感受。从距离截止日期的天数、工作的必要步骤，到相关人员的数量等因素，工作的重要程度有差别是理所当然的。然而越是高效工作的人，越不会排工作优先级。我自己也深有感触：与其排出优先级，不如省下时间着手处理眼前的工作，反而更能迅速完成工作。

不必考虑优先级的典型工作便是处理邮件。高效能人士不会给需要回复的邮件排优先级，而是淡定地按照收件顺序对收件箱里的邮件进行回复，并立刻着手处理相关的工作。

例如，你打开的第一封邮件的内容是"请修改网站资料"，大约需要10分钟的时间。这时，如果你手头刚好有别的工作，可能会回复"收到，我会在××点之前处理，请您稍等"。但是高效能人士会先处理这件事。不是说回复"××点之前处理"不对，只是"之后有时间了再处理"这种想法，是拖延的思维，有些危险。从尽快完成工作的角度考虑，了解邮件内容后立刻着手处理更有效率。

- 优先处理哪项工作好呢？

- 应该先回复谁的邮件呢？
- 把哪封邮件推后回复呢？

考虑这些问题就是浪费时间，有这个工夫，把手头的工作一件一件做完不是更好吗？这就是高效能人士的思维。

可能是废话，高效能人士的一个特征就是桌子整洁，他们从来不会在办公桌上乱堆放东西。人的注意力是有限的，看到桌子上的资料、电脑上贴的便签以及日历本上的记录等，会发现"哎？给××的资料还没有做！""啊！要调整跟××开会的时间"……就没办法专心写邮件了。

为了防止这样的情况发生，要尽量排除会影响工作的因素。忘掉工作的繁简，不去管对方是谁，从整体考虑工作安排。能做到这些，邮件的处理速度就会逐渐加快。

高效能人士这样写邮件4：提前考虑对方的想法

会提前考虑对方想知道什么、对什么感兴趣，这也是高效能人士的特征之一。

以在家电卖场买电脑为例，通常店员会笼统地问你"您想找什么呀？"接下来会问"准备买吗？""打算买什么牌子的呢?""想买台式机还是笔记本呀?""您对电脑了解吗?"等一系列的问题。这个时候,如果你抢先说"现在正在用的是台式机,为了携带方便,准备买一台笔记本,预算在25万日元以内",根据你所列出的条件,店员就可以很方便地帮你推荐款式,购物花费的时间自然也会缩短。

高效能人士会将之应用到处理邮件上,以下面的邮件内容为例:

> 浏览了贵公司的网站,我有一些建议,所以冒昧联系。如果您能使用我公司的产品,预计访问数每月可达1万,不知您是否有兴趣?

收到这样的邮件,那些正在为访问量低而苦恼的人应该会感兴趣,不过他们会这样回复:"访问量能增长这么多真的很厉害呀,不过我比较担心成本,您可以详细告知收费标准吗?"

那么,如果你一开始就这样写:

> 浏览了贵公司的网站,我有一些建议,所以冒昧联系。

如果您能使用我公司的产品，预计访问数每月可达1万，成本约为每月5 000日元。我们会有专门的技术顾问负责每周帮助贵公司网站……

采购时一般需要解决预算问题，将这些信息事先说明，这封邮件就是体贴入微的。像这样把收件人会有疑问的地方提前说明，就能减少之后邮件往来的次数，从这一角度看，与"不做无用功"所述的内容同理。

高效能人士会注意的5个要点

现在，大家对高效能人士的形象大体有一个了解了吧。思考怎么做效率最高，为此做出安排，自己推动工作进行……这些是我所理解的高效能人士的形象。

正如我最初所述，工作速度与邮件处理速度之间有着密切的关系。以我阅邮件无数的经验来看，高效能人士在处理邮件时会注意5个要点，即"目的""视觉""易回复""语言""缩短处理时间"。这也是自第2章开始各章节的主题，后文会进行详细说明，在此仅简单地对各个要点进行介绍。

第一个是"目的"。商务邮件都有明确的目的，一般是处理以下几种事务：

- 约定会面。
- 调整约定时间。
- 报告工作进度。
- 商谈业务的发展方向。
- 发送资料。

基于这些目的，我们才会发送邮件。但是有些人只顾邮件的内容，却忽略了目的。这样的邮件会让收件人不明白你想让他做什么，导致沟通不畅。已经建立联系的公司或项目组同事或许还能把缺失的部分补充起来，想到"应该是想说这件事吧"，而对那些了解不多、初次与你邮件沟通的人来说，要补充、领会没有看到的内容确实很难。因此，在写邮件之前，一定要想清楚自己的目的。

第二个是"视觉"。当一个人打开一封邮件，决定他是否阅读的因素是什么呢？是内容吗？不，是外观（即版式）。每一行都长度适中，中间也为了阅读方便而适当空行，这样的邮件可以让人没有压力地阅读下去。相反，文字排得很拥挤,也没有换行,这样的邮件让人看一眼就不想再读了。如果能让收件人在打开邮件的一瞬间就觉得"易读",这封邮件就容易被看完;相反,如果收件人觉得"难读",就不容易看完邮件,或者会推后再看。决定收件人是否阅读仅仅是一瞬间,所以高效能人士为了让自己发出的邮件被处理的优先级提高,会特别在意邮件的视觉效果。

而且很多工作如果收不到对方的回复是无法推进的。在必要的时间没有收到必要的回复,工作就会停滞不前。既然这样,就要让自己的邮件"易回复"。这也是第三个要点。不经过仔细考虑没有办法回复的邮件,自然会被放在后面处理,这可能会导致收件人忘记回复。为了尽快收到回复,使邮件"易回复"是不可或缺的。

怎样写有助于尽快收到回复呢?关键就是第四个要点——"语言"。想要顺利收到回复,邮件名和正文中就要有"戳中收件人内心"、"让收件人心动"的语言。"戳中收件人内心"指的是不被忽略、切切实实地留在收件人的记忆里。"让收件人心动"是指促使收件人按照自己所期待的行动。不是什么内容都直来直去地写出来就行了,如果用了幼稚的表达方式,会被收件人质疑作为商务人士的能力。

高效能人士会注意的要点

1 发送这封邮件的目的是什么?

2 视觉上能够方便收件人阅读吗?

3 内容足以让收件人第一时间回复吗?

4 措辞能够戳中收件人内心吗?

5 注意缩短处理时间了吗?

高效能人士如何写邮件

另一方面，如果措辞过于拘泥形式，会给人留下不知变通的印象。双方尚未熟悉的时候，需要下功夫拉近距离。在这些基础上，高效能人士会注意什么呢？

这就是最后一个要点——缩短处理时间。缩短邮件的处理时间可以通过多种方式实现，缩短回信的时间就是其中之一。话说回来，回复邮件花费的时间，多少算合适呢？当然要根据内容来定，如果只是简单的汇报、咨询的回复、会谈的日程调整等，我认为一两分钟即可。"我可写不了那么快！"很多人会这么想。其实，只要掌握了诀窍，快速回复邮件并不困难。重要的是，对待邮件，要做好"手上不握球"的思想准备，"球来了立刻打回去"。

* * *

那么，这 5 个要点应该如何注意呢？从下一章开始，我将进行详细介绍。

2

带着目的去写

所有的商务邮件都有"目的"

任何一封商务邮件都有其目的（即为何发送邮件），如果目的不明确，就不能准确地向收件人传达自己的意图和期望。高效能人士深知邮件关系着业务的进展，所以在写邮件时会十分注意自己发送邮件的目的。

当然，工作的内容不同，邮件的目的也多种多样，如从事销售工作的人时常需要给素未谋面或者只有一面之缘的人发邮件约面谈；委托信的最终目的是说服对方承接工作；道歉信的目的是让对方接受你的道歉并继续与你合作；投诉信是为了让对方解释问题发生的原因以及给出应对措施；而向领导征求意见的邮件，目的是让领导了解相关情况，并对下一步的行动做出指示。

但是，大部分觉得自己"不擅长处理邮件"的人都不知道明确邮件目的的重要性，意识不到自己是为了什么发送这封邮件，这就像"为了开会而开会"一样，实际上使会议成功的诀窍是提前设定议题（主题）。如果议题是"增加营业额"，那么只有分析数字没有上升的原因，

带着目的去写

商讨具体如何达成目标，最终才可以得出结论。仅仅"为了开会而开会"的话，就只是让大家聚在一起而已，不管讨论多久都不会得出有价值的结论。

邮件亦如此。

当发送邮件本身成为目的，邮件的内容会令收件人迷茫，不知道自己该怎么做，也不知道发件人的要求是什么。

例如，房地产销售人员要向目标客户发送主题为"样板房参观活动的邀请"的邮件，这封邮件的目的是"让对方来现场参观"。然而，很多时候，他们会把邮件的主题变成"关于举办参观活动的通知"。这样一来，邮件中就只有时间、地点、是否需要预约、预约方法（电话还是邮件）等基本信息了。

然而，一个简单的"通知"是远远不够的，它完全忽略了让收件人到场的动机与方法，不会使收件人对参观活动产生兴趣。

要写出让收件人感兴趣的邮件，重要的是，要把"让对方来现场参观"而不是"通知"作为目的。意识到这一点，邮件中就会体现"为什么在这个时候发邮件"、"为什么要推荐这个参观活动"等信息。

发件人可能会觉得，如果收件人对自己的邮件感兴趣，就会发来回复。但是这太过天真。更可能的结果是，收件人觉得"没有必要回复"，并且删除了邮件。

为了避免这样的结果，可以在发送之前从头读一遍，确认邮件能否达成目的。当然，实现"让对方来现场参观"这一目的之后，要以"让他对房子感兴趣"为下一阶段的目的，最终目的则是"签约购房"。所以说让对方来现场参观，只是实现最终目的的一个踏板。

在我受企业委托所举办的培训中，我发现很多人容易忘记邮件的目的。为了验证判断，我看了他们过去的邮件，其中大部分都体现不出发件人到底想要做什么。当我问他们"你觉得通过这封邮件，你达到目的了吗?"，大部分人的回答都是"没有……"。如果能客观地阅读自己所写的邮件，他们也能发现这样的内容是无法达成目的的。

传达"目的"所必需的"6W+3H"

那么，怎样才能写出能够达成目的的邮件呢？

以刚才邀请客户来参观样板房的邮件为例，时间、地点、预约方法等基本信息自不必说，但是如果只有这些信息，除了本来就对买房感兴趣的人之外，其他人则很难产

生兴趣。

这时，邮件所需要的就是"3W"：

Who ……谁
What……什么
Why ……为什么

"Who（谁）"指的是邮件的收件人。写邮件前，要重新考虑已知的信息，如年龄、家庭构成、自己与收件人的关系、我们是否见过面等。

"王先生之前来参观过一次样板房，当时他好像说在找适合一家三口住的公寓。"

"这么说的话，他好像说过要是遇到合适的房子，可以调整一下预算呢。"

把这样的信息筛选出来（尽量想到哪怕琐碎的细节，整理客户信息，记录笔记）。在这个例子中，"What（什么）"就是"符合王先生条件的样板房参观邀请"，而"Why（为什么）"则变成"因为王先生在寻找合适的房子（所以邀请他来参观）"。看到包含这"3W"的邮件，王先生应该会很开心吧，"他们都帮我记着呢！"这样一来，王先生会对这封邮件心生好感，如果刚好还没有找到合适的房子，他很有可能会去参观样板房。

其实如果在"3W"的基础上再增加一些信息，邮件的效果会更好。这就是"6W+3H"。先在"3W"上加上"3W"：

When ……什么时间
Where……什么地点
Whom……对象是谁

再加上"3H"：

How to ……怎么做
How many……多少
How much……花费多少

利用这些来整理想要传达的信息吧。

根据邮件的不同目的，其包含的信息会有所变化，但是如果能把这"6W+3H"包含在内，信息必能传达到位。而且，邮件的信息充分，收件人也容易理解。

带着目的去写

传达"目的"所必需的"6W+3H"

6W	When（什么时间） Where（什么地点） Who（谁） Whom（对象是谁） What（什么） Why（为什么）
3H	How to（怎么做） How many（多少） How much（花费多少）

发送邮件之前构建好脚本

高效能人士和工作效率低的人之间有什么区别呢？

我认为最大的区别就是上一章中提到的预判能力。凡事做好预判，就能预测收件人在收到邮件以后会有什么反应、做出什么行动。

这具体是如何实现的呢？

高效能人士会在脑海中构建"脚本"，对工作进行整体的把握。所以不管对方有什么行动，都能不失主动、滴水不漏地应对。所谓脚本指的是从最初的行动到最后工作完成（签约）的过程的具体步骤。

以推荐某商品或服务为例，脚本如下页图所示。

能像这样做好预判，就能对在什么时机写什么邮件做到心中有数。

而心中没有脚本的人，总要被领导提醒才会有所行动。

"上次那个工作怎么样了？"

"还没有收到回复……"

"那你就再发一封邮件啊，打电话也行呀。"

他们可能没有意识到要自己控制工作的进展，所以一旦收不到对方的回复，就很容易放弃。在一些培训中，我

带着目的去写

脚本的构建方法

收到发送资料的请求

通知已发送资料

资料已发送,预计11日到达。

确认资料是否已收到

前几日已将资料邮寄,请问您是否已收到阅览?

邀请对方试用

- 请问是否需要试用样品?
- 我们在发售临时账号,不知您是否有意试用?

请求面谈

我们十分希望能与您面谈,为您详细介绍一下商品(服务)。

调整日程

请告知方便的时间。

提醒

明天15点拜访。

感谢

上次您在百忙之中拨冗相见,非常感谢。
我们根据您提出的要求总结了一些方案。

27

会阅读他们发出的邮件，并对他们进行邮件写作指导。当我问"这之后你打算发送什么样的邮件?"，得到的大部分回答都是"没有收到回复所以还什么也没发……"，这实在很可惜。

收件人可能没有查阅你发送的邮件，又或者已经查阅了，但是太忙忘记回复了，再或者已经回复了，但是被你遗漏了，各种情况都可能发生。这个时候，如果你能积极推进工作，就能进入下一个工作步骤。

大家再回想一下本章第一部分的标题，"所有的商务邮件都有'目的'"。所以在目的未能达成的时候，不能轻易放弃。如果没有收到对方的回复，那就重新确认脚本，思考下一步的行动。

如前面的例子中，当请求面谈的邮件没有得到回复的时候，应该预判到几种可能性：产品功能不符合预期，试用品有问题，或者收件人太忙，根本就没有看到邮件。根据预判，你将知道接下来的邮件该发送什么内容。

脚本在工作过程中起到了"地图"的作用，所以我建议你提前构建好脚本，它能在出现问题时帮助确认工作的推进方向。

根据预判写邮件

如前文所述，高效能人士具有预判能力，这种能力不仅关系着工作的总体情况，也体现在每一封邮件的写作上。在写邮件的时候，要想象收件人会如何阅读这封邮件，会对这封邮件有何感想，注意收件人可能会有疑问的地方，并避免这些疑问的出现。

"那个客户肯定会问这个问题吧，把这部分内容补充一下。"

"这位是新客户，把这部分内容详细说明一下。"

在写邮件的过程中，应时刻关注收件人可能出现的反应，尽量让其更容易理解。

高效能人士深知邮件很容易导致片面的理解，所以他们在写邮件的时候总会深思熟虑，避免收件人误解，以免产生误会或者多余的邮件往来。相反，没有预判能力的人在写邮件的时候只会一味地写自己所想的内容，对方想知道的信息反而被遗漏，导致收件人问题不断。而如果邮件能够写清楚，这种情况本是不该出现的。

想象着收件人的反应来写邮件

修改前

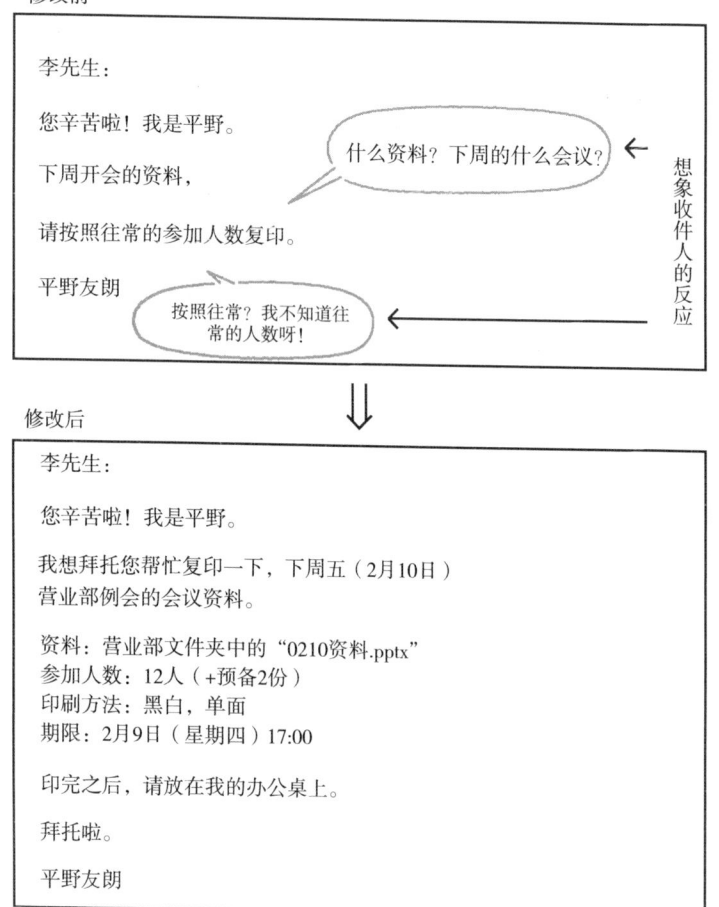

> 李先生：
>
> 您辛苦啦！我是平野。
>
> 下周开会的资料，
>
> 请按照往常的参加人数复印。
>
> 平野友朗

（什么资料？下周的什么会议？）

（按照往常？我不知道往常的人数呀！）

← 想象收件人的反应

↓

修改后

> 李先生：
>
> 您辛苦啦！我是平野。
>
> 我想拜托您帮忙复印一下，下周五（2月10日）营业部例会的会议资料。
>
> 资料：营业部文件夹中的"0210资料.pptx"
> 参加人数：12人（+预备2份）
> 印刷方法：黑白，单面
> 期限：2月9日（星期四）17:00
>
> 印完之后，请放在我的办公桌上。
>
> 拜托啦。
>
> 平野友朗

在效果最佳的时机发送邮件

高效能人士对发送邮件的时机也很敏感。也许有人会问,"发送邮件还要考虑时机吗?"我以致谢邮件为例进行讲解,应该会比较好理解。

假设你与客户公司的负责人进行了面谈,需要发送致谢邮件,而你5天之后才把邮件发出去,那这封邮件很可能达不到你期望的效果。不管你的邮件写得多么情真意切,如果发送得太晚,其效果恐怕还不如不发。

另外,会议纪要至少要在会谈后的第二天发送,才会让对方觉得及时。如果三四天后才发送,对方可能记忆也模糊了,还可能对会议纪要的记录质疑。

我现在之所以如此重视邮件的发送时机,是因为一个人的邮件。他的邮件内容非常优秀,几乎可以打满分,但是不知道为什么,他的工作业绩却不甚理想,公司对他的评价也一般。

我一度觉得很奇怪:"能写出这么高质量的邮件,为什么工作却做不好呢……"答案就在于时机。他所有邮件都发送得太晚,无法跟上对方的节奏。与客户商谈,一周以后才开始发邮件跟踪,这时候客户对商品或者服务的印象已经变淡了，业务机会就这么一个个流失了。

另外，不管怀着多大的诚意处理投诉邮件，收到投诉一周以后才联系对方，只会让对方怒火倍增。

俗话说"趁热打铁"，处理邮件也是这个道理。如果不趁着对方印象比较深时赶紧发送邮件，那么邮件写得再好，也得不到好的结果。

大体来说，所有邮件的最佳回复时间都不要超过第二天。例如，对于面谈的客户，应在见面的当天或者第二天中午之前发送致谢邮件，同时把面谈的内容概要发过去。发给研讨会参会者的致谢邮件同理，如果能在第二天中午之前发送过去，会让人觉得主办方很靠谱。

另外，高效能人士还会根据对方的工作情况来考虑什么时机发送邮件效果最好。在对方快下班的时候发送邮件，对方一般不会立刻查看。高效能人士会选择对方有充足时间处理邮件的时间段发送邮件，并根据不同工作日的工作情况来决定邮件发送时间。

从这一角度来说，是否要在星期五下午发送邮件尤其需要仔细考虑。很多人不想把工作拖到下周，所以勉强自己加班，发完邮件才回家。也有人利用周末时间整理剩余的工作，赶在星期一上班时间发过去。但是这样会导致星

带着目的去写

期一早上对方的收件箱里挤满新邮件……

假如对方工作能力不够强,需要处理的邮件越多,处理时就越可能出现疏忽。所以高效能人士是不会在星期五下午发送重要邮件的,因为这个时候发送的邮件与其他邮件混在一起,被忽略或者拖后处理的概率很大。

稍微偏离一下话题,有人会说"只要是工作邮件,我不管周末还是深夜都会查收的!"我不推荐这种工作方式,也绝对不会这样做。如果你这么做,会让人觉得"这个人在工作时间之外也会回复"、"这家公司周末也工作",如此一来,就像我在上一章中所写的,你就会陷入失去工作主导权的状态。

一旦给对方留下自己会随时回复邮件的印象,就很难再纠正了。所以要在工作时间处理邮件,工作时间之外不再查看收件箱。

还有一些邮件特意晚几天再回复反而更好。比如,当对方在交涉中提出无理的要求,最好不要立刻回复,不然会让对方觉得你们没有认真讨论就做出了答复。就算你们已经得出了结论,回绝的邮件也要两三天以后再发出,让人觉得这是你们深思熟虑的结果。

此外,想和麻烦的人保持距离的时候,也可以晚几天再回复，逐渐淡化你们的关系。

我曾经有过这样的经历。有人给我写邮件咨询创业的事，一开始我还热情地回复，可以说知无不言言无不尽。后来他的邮件越来越频繁，涉及的内容也越来越专业，已经超出了好心帮助的范围，向他表示进一步的咨询需要收费也没有用，令我不胜其烦。于是，我就不时晚三天到一星期再回复，和他拉开距离……

此外，遇到不得不回复的邮件，刻意让回复邮件看上去冷冰冰，或让文字看上去是照搬模板，也不失为有效的方法。

总之，回复邮件并不是越快越好，最佳的回复时机要结合"目的"来考虑。

言出必践

前文说过，发送邮件的目的多种多样，有分享信息、下达指示，也有构建信赖关系。当为与对方构建信赖关系而发送邮件时，不要轻易"承诺"。

经常有各种推销电话打到我的公司，他们推销的大部分产品我都需要，这时我就会拒绝。不过其中多少也会有

带着目的去写

我感兴趣的,当我在电话中表示出兴趣,对方一般会这么说:"我之后会把详细资料通过邮件发给您。"然而,有好几次,我左等右等,也没有收到邮件。虽然我也不是一心期盼着这些邮件,但是既然承诺了要发邮件却没有发,这会让我觉得对方爽约了。这些小事很可能降低人们对这家公司的信赖。不只是邮件,对于产品宣传册、邀请函这种需要邮寄的物品,只要你说了要寄过去,就一定要履行约定。如果做不到,一开始就不要轻易约定。高效能人士不会在这些方面让对方失望,只要说了**"这件事情我会在×天之内完成"**或者**"回到公司后我会收集详细信息,今天发邮件给您"**这种话,就要信守承诺,言出必践。

自己给工作设置时间节点并遵守,确实是一种"自导自演",但在职场,这样的姿态会让你得到好评。

对方对你公司的产品感兴趣,于是你承诺给其发送PDF版本的资料,既已承诺,就一定要发过去。如果你对对方说了"选项能否变更,我确认之后再跟您联系",就一定不要忘了联系。

这样的行为看上去只是小事,却能够强化工作上的信赖关系,从而提高工作效率。

发邮件时不要怕出错

我在培训中注意到，有些人写一封邮件要花 15~20 分钟，他们会在写的过程中反复确认一些细节，就算这样还是不敢发出去……

沟通之后我发现，他们觉得邮件有唯一的"正确"答案，坚信不把邮件写得完美无缺绝对不能发出去。因此，一个简单的收件人称谓，也会让他们纠结很久——要不要加上公司名称？需不需要加上职位？是不是应该用"全名+先生/女士"的格式？……最终，他们会在网络上搜索"邮件收件人称谓礼仪"来找寻"正确"答案。这么一来，一封邮件要写 15~20 分钟也就不难理解了。实际上，邮件的收件人称谓并不是一件值得烦恼的事情（见第 3 章的"写邮件须注意的 7 个要素"），而且现在临时职务、部门变动等情况也并不少见，所以在写收件人称谓时直接称呼"姓氏+先生/女士"，如"王先生/女士"，也不会被视为失礼。

除了收件人称谓，对于邮件开头妥不妥当、有没有错别字、固有名词有没有搞错等问题，有的人如果不逐一检查，是绝不会发送邮件的。不客气地说，其实没有必要这么神经质。邮件内容多少会有点问题，不用担心，只管把邮件发出

带着目的去写

去。当然，要尽量减少错别字和输入失误。没有错误自然再好不过，但是希望你能想一想，发送这封邮件的目的是什么？

假如你要写邮件向领导汇报在流通过程中发现了次品这一情况。如果你忙于检查错别字和输入失误，又考虑了半天邮件的措辞，导致邮件发送迟了，结果会怎么样呢？相反，如果你及时汇报了情况，就算邮件有错别字，领导会因此而责备你吗？

当然，这只是一个例子，我想说的是，我们要首先考虑应该优先实现什么目的。

因此，在紧急的时候，我不会太过在意输入或者助词的对错，而会重点检查金额、日期、对方姓名、公司名称等一旦出错可能会引发致命纠纷的信息。

事后，我确实会发现已发送邮件中的错误，收件人应该也发现了，但是他们并没有指出来。相反，他们会在回复中感谢我及时发送邮件。

发送的邮件完美无瑕，这是我们的理想。但是如果因为追求完美而错过对方期望收到邮件的时间，这封邮件就失去了它的价值。我认为我们更应该重视速度，为了"目的"，牺牲一点"正确"也无可厚非。这么一想，写邮件时是否会更放松一些？

3

在视觉效果上
下功夫

易读和想读的邮件会被优先处理

"邮件,最重要的是视觉感受。"

培训中,听我这么说,大部分人都一脸诧异。在提问环节,很多人问我:"怎样才能提高文笔水平呢?"也许大家觉得是因为自己的文笔水平不够高,所以工作才不顺利。但是,文笔好,邮件就能被阅读吗?事实并非如此。每行的字数以及行间距等视觉(版式)要素,对能否使收件人想读这封邮件有着重要的影响。

我喜欢读书,每天都会读一本,所以阅读对我来说并非难事。即便我习惯阅读,看到全是文字的书(换行少、行间距窄)也会心生抗拒。就算硬着头皮读,也要花不少时间。邮件也是如此。

那么"难读的邮件"是什么样的呢?请看下面的特征:

- 每行的字数过多(超过30个字)。
- 没有空白。
- 不换行。

在视觉效果上下功夫 3

- 一段超过5行。
- 应该分条列出的事情写成了一段。

在下图的邮件中,文字都挤在一起,在被打开的一瞬间,就会让人产生"难读"的感觉。

难读的邮件示例

> 文响出版社
> 李先生
> 承蒙关照,我是日本商务邮件协会的平野友朗,感谢您刚才打电话给我。您提出的培训需求我方可以满足,只是会场情况不够理想,所以我希望可以改日再与您商谈准备事宜。我希望可以约在2月7日(星期二)13~14时去贵公司拜访,届时我将介绍本公司的培训内容与培训业绩。如有疑问,欢迎随时联系。祝好。
>
> 日本商务邮件协会　　平野友朗
> 东京千代田区小川町2-1 KIMURA BUILDING 5层 101-0052
> 电话:03-5577-3210 / 传真:03-5577-3238/ 邮箱:hirano@sc-p.jp
> 官网:http://businessmail.or.jp/

"难读"指的是邮件外观(版式)不够美观,以至于收件人对打开邮件时看到的画面心生反感(失去阅读兴趣)。一旦产生了反感,除非特别的邮件,都会被延后处理。有的人会认为,既然是工作邮件,不管多么难读,也应读到最后。的确,对于不得不读的邮件,收件人会耐着性子读完，不过这时候其对发件人的好感也降到了谷底。难读的邮件甚至会影响收件人对邮件的理解，容易引起理解错误，导致发件人不能准确传达信息，无法获得想要的结果，以至于不得不重复工作，工作的推进也会很缓慢。

邮件难读，就会被收件人放在后面处理，结果就是工作推进缓慢。高效能人士为了避免这样的情况出现，会在邮件外观上比别人花费更多心思。特别是给陌生人写邮件时，因为这封邮件决定了你留给对方的印象，所以要尤其注意邮件外观。

对于文章而言，是否易读、想读某篇文章，与过去是否读过同类型的文章有关。例如，你在书店找书，目光停留在某位作家的作品上，这时，如果你想起以前看过这位作家的文章，感觉行文怪异，读起来很困难，就不会再伸手去拿那本书了吧？

商务邮件也是如此。处理邮件是业务的一部分，所以即使有抵触的邮件也要阅读。但是如果看到发件人的姓名就会回忆起之前遇到的困难，那么立刻就会失去阅读兴趣，从而导致回复延迟。可以说，邮件外观对工作进度有直接的影响。

不管邮件内容写得多么好，收件人不打开看就没有任何意义，你也不会收到回复。所以必须在视觉效果上下功

夫。那么邮件的视觉效果应该如何改善呢？接下来我会详细说明。

分段、空一行使正文美观

合理的排版能使邮件便于阅读。这里的排版指的是邮件构成要素的布置。后文会详细介绍构成邮件的各个要素，在此我先介绍一下如何布置要素能够利于阅读。

在下页"易读的邮件示例"中，文字与空白（行间距）分配得十分均衡。

这种均衡的分配是由换行、空一行、分条列出等方式营造出来的。使文章易读的一个秘诀是每行安排20～30个文字，超出则换行。还要将文章分段。理想的状况是每段文字限制在五行以内，即使五行不够，也要尽量简短。段落之间空一行。

需要注意的是，不要每写一行就空一行。现在微博等社交网络经常有每写一行就空一行的情况，但是邮件与微博不同，如果每写一行就空一行，各部分内容之间的关联就会减弱，给人间距过大的印象。

话说回来，为什么要空一行分出段落呢？

易读的邮件示例

文响出版社
李先生

承蒙关照。

我是日本商务邮件协会的平野友朗。

感谢您刚才打电话给我。

您提出的培训需求,我方可以满足。

只是会场情况不够理想,
所以我希望可以改日再与您商谈准备事宜。

关于下次商谈,我建议安排如下。

时间:2月7日(星期二)13~14时
地点:贵公司
内容:介绍本公司的培训内容与培训业绩

如有疑问,欢迎随时联系。
祝好。

人日本商务邮件协会　　平野友朗
东京千代田区小川町2-1 KIMURA BUILDING 5层 101-0052
电话:03-5577-3210 / 传真:03-5577-3238 / 邮箱:hirano@sc-p.jp
官网:http://businessmail.or.jp/

在视觉效果上下功夫

当然，最主要的原因是方便阅读。还有一个原因是，分出段落能方便收件人找到正题，使其即使只是粗略浏览也能判断哪些是重要内容。简言之，重要内容应该在视觉上凸显出来，占据重要的位置。

对于邮件，收件人往往会选择速读，而不是一字一句认认真真地阅读。速读就是摘取关键词。分出段落，可以把发件人的意图即希望收件人仔细阅读的内容放在即使速读也不会忽略的位置。

分出段落会给发件人、收件人双方都带来方便。而对信息进行分段整理是有诀窍的，即"把相关信息放在一起"。例如，给研讨会的参会人发送通知时，除了时间、会场地址等信息，紧接着还要写上会议当天的紧急联络方式。这样一来，需要紧急联络主办方的参会人翻看邮件的时候，就能立刻找到联系方式。

而如果你到最后一段才写"紧急情况请联系……"参会人着急的时候就容易漏看或者不好找到，以至于越加慌乱。

邮件能否让收件人尽快做出回复，区别就体现在这样的细节之中。

分条列出，便于收件人理解

邮件正文中的时间、地点、联系方式等信息，要分条列出。每项信息前面用"·""◎""√"等符号标记，更能吸引目光，防止遗漏。

分条列出最主要的目的是让人清楚地看到重要内容。把重要内容汇聚到一起，收件人就能明白需要重点看哪些内容，从而抓住重点，而且不易产生误解。

把那些要写成一大段话的内容分条列出，可以集中信息，缩短阅读理解时间。而便于迅速理解的这一优点，也可以帮助我们尽快收到回复。

而且，分条列出还有一个优点，就是可以减少邮件的字数，这有助于缩短邮件的写作时间。

用"视线跟踪"装置跟踪人的视线动向会发现，在阅读没有分条列出的难读的邮件（见本章"易读和想读的邮件会被优先处理"部分）时，人们的视线会反复上下打量，一个地方要看多次，无法锁定。这是因为不分条列出，人们阅读时就不知道哪里是重点，需要仔细阅读全文找寻要点。

与之相反，阅读分条列出的易读的邮件（见本章"分段、空一行使正文美观"部分）时，视线会落在分条列出

在视觉效果上下功夫

的部分,从而使人们迅速抓住重点,集中理解。可见,这种方法能够减轻收件人的负担。

分条列出还可以使信息更好地被收件人记住,因为分条列出将要点简洁地整理出来,可以帮助收件人锁定重点,只记重要的部分,从而有利于发件人尽早收到回复。

其实这些都是基本的技巧,很多人会觉得没什么了不起,自己也能做到,但是高效能人士在使用分条列出方法的时候,会思考把哪些内容分条列出效果更好。

- 交涉时向对方提出的条件(能做的事/不能做的事)。
- (被索赔时)本公司的应对方式。
- 需要公司内部协调的业务中,希望其他部门协助的事项。

这些内容如果用大段文字说明,会增加信息量,不利于对方理解,甚至容易造成误解,因此需要分条列出。可见,分条列出可以在不给收件人造成负担的情况下传达需要传达的信息,避免纠纷。

那些让收件人觉得不知所云的邮件内容,问题往往出在发件人这里。为了防止出现歧义,就需要使用分条列出的方法。

根据邮件外观的要求来整理信息,自然会帮助收件人更好地理解。总之,外观对邮件来说十分重要。

写邮件须注意的 7 个要素

要使邮件版面整齐,重要的是要在脑海中构思好如何组合邮件的构成要素。邮件的构成要素有 7 个:收件人称谓、问候、自我介绍、要点、详细内容、结束语、署名。其中,要点、详细内容会根据邮件内容变化;其余的 5 个要素则可以用固定的模板,换言之,就像模型一样,只要掌握了写作方法,套用即可,不用花时间思考。

高效能人士在写邮件的时候,会确定需要花时间的部分,不会在全部邮件内容上集中精力。把不需要思考就能条件反射一般写出来的内容写完后,其他内容写起来也会轻松很多。

清楚地分开需要思考和不需要思考的部分,这是提高工作效率的一个诀窍。

我一直强调,写邮件的时候不必为收件人称谓、问候等内容烦恼。然而很多对写邮件抱有畏难情绪的人,都会

在视觉效果上下功夫

为本不需要思考的"模板"部分而苦恼,导致写邮件花费过多时间,着实可惜。

当我告诉他们可以套用模板的时候,经常会被质疑。实际上套用模板确实没有问题,因为收件人称谓、问候、自我介绍、结束语、署名这些内容,即便有不妥的地方也不会影响邮件正题的传达。在不重要的部分花费过多时间,会影响工作效率。

让我们详细看一下这5个可以借助模板灵活处理的要素。

收件人称谓可以用"姓氏+先生/女士"。当然"全名+先生/女士"也没问题,但是每次都写全名,让人觉得有礼貌的同时,也会显得过于正式。

收件人不止一个人的时候确实有点麻烦,最基本的原则就是按照职务高低顺序来写。另外,如果收件人中既有公司外部人员又有内部人员,一般先写公司外部人员。

如果这些办法都不能解决问题,也没有必要再苦思冥想了,直接写"各位相关人员"即可。

有的人认为,这不符合书信写作的一般规则,但是,要知道,邮件与书信的规则不完全一样。邮件源自商务文书的电子版,因此与书信相比更符合商务文书的规则。

如今邮件就像电话一样,已经成为日常沟通交流的工具。邮件的写作方法不仅受其他交流方式的影响，还会根据收件人和情况的不同而调整，所以没有唯一的"正确"答案，严格要求准确也就没有意义。重要的是不要失礼于对方，只要保证做到这一点，自己设定一个写作规则并且每次都遵守即可。

问候公司外部人员，一般说"承蒙关照"，根据与对方的关系，也可以说"您好"、"辛苦了"。当然也可以增加其他内容，不过与其在这一部分纠结，不如多花点时间在正题上。

自我介绍时，如果是向公司外部发送的邮件，一般用"公司名称＋姓名"；如果是向公司内部发送的邮件，则只报"姓名"即可，当然也可以用"部门＋姓名"。

自我介绍的目的是让收件人迅速了解发件人身份，所以写邮件时要把实现这个目的放在首位。

结束语一般会写"祝好"等祝福语；如果是正在进行中的业务沟通，可以写"还请随时沟通"；如果有求于收件人，可以写"还望考虑"；请收件人确认内容，可以写"请确认"。

署名可以通过电脑设置自动添加，不需要每次都花时间思考。重要的是要呈现所有基本信息，包括公司名称，部门名称，本人全名，公司地址、邮编、电话、官方网站

在视觉效果上下功夫 3

邮件的7个构成要素

文响出版社 —————————————— ① 收件人称谓
王先生

承蒙关照。 ———————————————— ② 问候
我是日本商务邮件协会的平野友朗。 ———— ③ 自我介绍

关于原稿,有两处内容需要与您确认。 ———— ④ 要点

原稿39页修改为"商务邮件"比较好。

而62页则相反,使用原来的"邮件"更好
理解。 ——————————————————— ⑤ 详细内容

不过最终的判断还是交给您来做。

目前还有以下3项工作尚未完成:

・83页图片的确认。
・87页示例的增加。
・人物简介的写作。

除④⑤外,其余要素可以用固定的模板。

如有问题,欢迎随时联系。 ———————— ⑥ 结束语
祝好。
　　　　　　　　　　　　　　　　　　　⑦ 署名

日本商务邮件协会　　平野友朗
东京千代田区小川町2-1 KIMURA BUILDING 5层 101-0052
电话:03-5577-3210 / 传真:03-5577-3238 / 邮箱:hirano@sc-p.jp
官网:http://businessmail.or.jp/

和自己的邮箱等。对于向公司外部发出的邮件，把名片上的基本信息写到署名部分就可以了。

最近有些公司会给员工发放手机，所以很多人苦恼是否要把手机号码写入署名部分。如果业务需要手机联络，手机号就是必要的信息。不过对于一些基础的沟通，大多数人还是希望使用邮件，也有人希望尽量用公司座机而不是手机，这种情况下也可以不写手机号。

有的人会在署名部分加入个人和公司的最新消息，不过放什么消息、放多少，需要根据职业和邮件目的来判断。"署名的信息 = 对收件人有用的信息"，这个基本原则一定要遵守。

把邮件的目的写在前面

接下来是要点和详细内容部分。这两个部分虽然要根据不同的邮件内容来调整，但这其实也并不困难。

要点部分把写邮件的原因，也就是发送邮件的目的列上即可。

请大家回想一下上一章的内容。上一章中我提到带着目的意识写邮件很重要，所谓目的就是这封邮件的正题，也是发件人最想传达的内容。要点部分要写清目的。例如：

在视觉效果上下功夫

- 发送这封邮件,是想与您商谈××事宜。
- 关于××的进展方向,有一些问题想咨询您。

为什么要先把目的说出来呢?

因为这相当于宣布"接下来的内容是围绕××展开的",使收件人可以在了解邮件正题之后再读后面的内容,理解起来也就更加明确。

在商务邮件中,提高双方工作效率是非常重要的。为了让那些工作繁忙的收件人顺利地阅读邮件,如何准确地传达目的至关重要。

结论在前还是在后?

× 先"内容" 后"结论"
信息一点点展开,慢慢地呈现出内容,最后说出结论

○ 先"结论" 后"内容"
先给出结论,之后再详细呈现内容

← 话题的推移 →

所以，自我介绍之后，不要再写多余的内容，而应尽快进入要点部分。开诚布公地把目的写在前面，收件人就能够迅速理解邮件的主旨，也可以没有压力地阅读下去。

- 关于××事宜，有几项事情向您汇报。
- 希望您告知××的情况。
- ××的碰头会，需要变更一下日程。

把邮件的目的写在前面，能让收件人知道应该如何应对这封邮件。高效能人士看到"日程"、"变更"等字样，就会打开自己的笔记本了。

详细内容部分应该完善到让对方提不出问题，但是如果把没有必要的信息也写进去，反而会偏离正题，使邮件变得没有重点。从这一点来看，如何确定需要列入的信息十分关键。

有的人经常把要点和详细内容的位置互换，这样一来收件人不读到最后就无法得知这封邮件的目的。不知道邮件所为何事，阅读的时候负担就会很重，甚至有些收件人读到最后也不知道发件人发邮件的目的。我们要避免这样

的情况出现。

写邮件，要把让收件人立刻了解邮件的目的作为第一要务，因为要让收件人行动起来，就必须使其对邮件目的有完整清晰的认识。

从这一点来说，邮件首先要"有意义"。

内容尽量精简

要写出收件人易读和想读的邮件，需要注重邮件的外观，正确组织邮件的构成要素，合理分配以使各要素便于阅读，有意识地分段，并有效地将各要素分条列出。

不过，要说邮件的可读性与文笔完全没有关系，实际上也并非如此。让人无法理解的邮件有一个共同的特征，正是这个特征导致收件人不能正确理解邮件，进而产生误解。这个特征就是"句子过长"。

一个句子构成复杂，呈"虽然……但是……所以……"句式，中间没有间断，就会显得冗长乏味。举个例子：

> 关于前几天讨论过的新项目，虽然开会的时候说6月启动，但是后来由于委托方的调整，想5月连休结束

之后就启动，所以需要重新调整日程，可否下周再开一次碰头会？

邮件中的句子如此冗长，必然会给收件人留下不好的印象。即便如此，仍有很多人在写这样的邮件，这让我很惊讶。虽然很多人可能觉得句式与视觉关系不大，但其实句子过长会对邮件的外观有影响。所以从视觉方面考虑，也要注意缩短句子长度。

为什么句子不能太长呢？

因为人们在阅读长文章时，阅读到后面会忘记前面罗列的前提、条件等内容，以至于不能完全理解文章的主题，也会对总体内容产生误解。若句子短小精悍，主题清晰易懂，则不容易引起误解，也不易引起发件人与收件人之间的理解偏差。

高效能人士写的邮件句子短小，主题易懂，虽然有时候会让人觉得语气冷淡，但是邮件写作不就是应该把速度和准确放在首位吗？

要使文章短小精悍，需要注意哪些问题呢？最基本的就是一句话只说一件事，所以不要使用连词导致句子过长。

将前文中句子过长的示例邮件修改之后，如下图所示。

在视觉效果上下功夫

3

把长文剪切分段

关于前几天讨论过的新项目,虽然开会的时候说6月启动,但是后来由于委托方的调整,想5月连休结束之后就启动,所以需要重新调整日程,可否下周再开一次碰头会?

⇩

关于前几天碰头讨论过的新项目,

委托方提出希望5月连休结束之后就启动,
而不是6月。

所以需要再次碰头调整日程安排。

请问下周的星期一到星期三您有时间吗?

把内容分成4段,字数有所删减,邮件整体缩短,这样收件人就可以一目了然地理解邮件内容。而且邮件外观不会使收件人那么有负担,收件人看到最后一句也能立刻明白自己需要回复"合适的时间"。

处理这种调整日程的邮件,对大部分收件人来说都多少需要花费一些时间。把这样有些麻烦的内容用连词连接成冗长的句子,读起来也累,对收件人来说也是双重负担。

而修改之后,邮件变得简洁,文意表达也更清晰,能够避免收件人产生烦躁情绪,从而确保尽快收到回复。

因此,避免连词的过度使用,是缩短邮件的一个方法。有人觉得连词是邮件不可或缺的,但是即使没有连词,邮件内容也是流畅的。所以果断删除那些不必要的连词吧,上下文的连贯性并不会受到什么影响。

4

使邮件更易回复

看上去有些棘手的邮件将得不到回复

人们在职场中常常遇到这样的烦恼：邮件发出去了，然而一直等不到回复，特别是调整约定时间、委托业务、申请领导确认的邮件。发件人有事相托，不回复于情于理都不合适，为此所困的收件人也不在少数。

把那些苦恼于收不到回复的人写的邮件翻一翻，你就会发现他们收不到回复的原因。

收件人为什么不回复呢？其实，邮件让收件人觉得"看上去有些棘手"，会成为他们不回复或迟回复的原因。

那么，在收件人眼中，什么样的邮件会让他们觉得"看上去有些棘手"呢？综合我阅读和写作邮件的经验来看，看上去有些棘手的邮件有以下几个共同点：

- 连篇累牍阅读困难。
- 阅读数遍不见结论。
- 意欲何为无从知晓。
- 吾不识君何故见我。

使邮件更易回复

- 关系恶化不想回复。

如上所述，使收件人感到棘手的原因多种多样。怎样做才能让收件人不觉得棘手并且尽快回复呢？让我们来研究一下。

正如第 1 章中所说，在合适的时机收到回复，可以使工作顺利进行。而收不到回复或是回复迟迟不来，则会使工作停滞不前。因此，我们必须保证尽早收到回复。

其实想要尽快收到回复并不难。只要根据前文所列的看上去有些棘手的邮件的共同点，反其道而行之即可。具体来说，就是要使邮件内容易读懂、易判断、需求明确。此外，要明确地列举出回复的好处（更进一步说，最好再加上不回复的坏处）。

决定是否回复的是收件人。发件人当然想收到回复，但如果收件人觉得邮件内容看起来有些棘手，想推迟一下再回复，发件人就无法尽快收到回复。因此，邮件内容能否被收件人重视，觉得"这个邮件不回不行"，决定了他是否会回复。

收件人并不会告诉你他不回复的原因，这需要自己分析。假如你发了 10 封邮件，有一两封没有得到回复，那你可以认为是对方太忙了或者暂时不在电脑前。但是，如果发出的邮件中有一半都没有得到回复，或者每次都要催促收件人才能得到回复，那基本可以断定是发件人的邮件有问题了。

给素不相识的人写邮件要像写情书一样

让素不相识的人回复你的邮件，可是有难度的。以跑业务做类比，邮件相当于初次见面时的问候，如果在这个阶段无法获得收件人的信任，给收件人留下了不好的印象，自然收不到回复。因此，这时候重要的是要让收件人接纳你，为此必须做到彬彬有礼。

当你给素不相识的人写信时，收件人并不知道你是谁。所以你要自报家门，说明自己的身份，然后在要点部分解释自己发送邮件的原委（理由）。只要清楚地表明发件人的身份和邮件的目的，就足以让收件人放下戒心，阅读邮件。

相反，不自报家门，也不说明发送邮件的目的，字里行间只能体现出邮件对发件人的好处，这样的邮件只会让收件人加强戒心，觉得没有回复的必要，或者虽然打开看了，却不想读到最后。

使邮件更易回复

4

从收件人的立场来看，不回复或不读完是正常的。如今人们可以通过技术向企业和经营者群发邮件，我自己也经常收到不认识的人发来的业务邮件。但是，我很少回复。

在收到的邮件中，有请求采访我的公关邮件，有请求交换业务信息的商务邮件，也有对方成为本地区的负责人，所以来问候的邮件。交换业务信息或问候类的邮件，我基本不会回复。因为在我不需要的事情上花费时间，不仅对我自己，对公司来说也毫无益处。而且这样的邮件往往是套用固定的模板写的，翻来覆去就是那么几句话：

> 冒昧打扰，本人近日成为××区的区域负责人，因此想拜访贵公司以致问候。本人还是新人，不知道能否为贵公司提供帮助，不过还是想实地拜访一下，不知下周时间是否可以？期待合作。

读罢，大部分人会觉得没必要回复。邮件里写了"贵公司"，也就是说其他公司也收到了同样内容的邮件。"本人还是新人，不知道能否为贵公司提供帮助"，这么说本来就让人困扰，而且在目的不明确的情况下见面，也很难实现有用的业务信息交换。作为收到邮件的众多公司中的一个，从这封邮件中我真的感受不到发件人有多想和我见面。

邮件只能通过文字传达信息，本身就很难表达感情。面谈可以通过表情来表达感情，电话沟通可以通过语调的变化来表达感情，而邮件却不能。仅凭文字，收件人无法判断发件人的情况。

话虽如此，我也不会拒绝回复所有交换业务信息或问候类的邮件。下面这样的邮件就是例外：

> 浏览了贵公司的网站，深感商务邮件的重要性，听说您在举办培训，我有意将其引入我公司的内部培训。此外，我公司提供××服务，相信这一业务能够帮助贵公司提高××，不知可否进一步详谈？

读完这封邮件，我知道发件人约见我是有目的的。而且，他的确仔细浏览了我公司的网站，还发表了简短的感想，我能从字里行间看出他对我公司业务的关注。可以断定，这不是从模板粘贴过来的邮件，这样的邮件不会让收件人觉得自己被随意应付了。由此可见，写邮件之前至少应该调研一下对方的业务内容，以便进行交流。

第一次给收件人写邮件的时候，请记得用你自己的话，

使邮件更易回复

写你自己的内容。不是别人而是"你",不是给任意一个人而是"那个人"写邮件。这个过程就好比写情书。写情书时,你写的是你自己的心思,而且这份心思是被赋予特定的人的。不只是给不认识的人写邮件,但凡你希望收到收件人回复的,就要以"一对一交流"的标准写邮件。

自己先成为对方的粉丝

要确保发出的邮件能够得到回复,就需要收件人对自己"感兴趣"。怎么让收件人感兴趣呢?自己应该先对收件人感兴趣。大多数人对于对自己感兴趣的人,都不会胡乱应付,而是会有意识地关注。邮件也是如此。如果发件人能对收件人的情况进行了解、思考、理解,并在此基础上发送邮件,就能使自己的邮件在众多邮件中脱颖而出,成为令收件人无法忽视、不能忘记的邮件。

为了在邮件中体现出自己对收件人的兴趣,首先要了解收件人的情况,收集其信息。高效能人士会在写邮件之前对收件人相关信息进行大概的了解。你可以通过公司官网、搜索引擎等网络渠道收集很多信息,也可以先大体浏览一下收件人在社交网络上发送的信息,然后在让收件人感觉舒适的范围内表达适当的关注。

重要的是，让收件人感觉舒适。当然，面对陌生人与熟人，"感觉舒适"的条件不一样。对素未谋面的人调查得太深入，会使其产生警戒心，所以必须避免给人带来个人信息被侵犯、个人生活被监视的感受，其中的分寸很难拿捏。而对于熟识的人，在他发的微信朋友圈下面点赞、留言，或者聊一聊轻松的话题，如"前几天您发的午餐照片，看着好棒啊！"，这些做法是没什么问题的。

但是，把收件人在不同社交网络平台上发布的信息联系起来留言，是不可取的。例如"您在微博上说的好吃的午餐，就是上周五在朋友圈发的那家店的吧？"对不算熟识的人说这样的话，大部分人都会觉得私人空间被冒犯了。

很多人都觉得自己懂得拿捏分寸，行为却都有所越界。对收件人感兴趣很重要，但是如何适当传达这一讯息更为重要。

加入关键词，让收件人看到邮件名就想打开

对收件人进行适度的调查，不仅是为了表达自己对收件人的兴趣，还是为了把调查得到的信息融入邮件，让收件人觉得"事关自己"。了解什么样的内容可以让收件人觉

得"事关自己",然后将这些内容融入邮件,你的邮件对于收件人而言就是"唯一的邮件"。这是确保收到回复的一个关键因素,因为不能让收件人觉得"事关自己"的邮件便不能吸引其阅读,更不必说回复了。

人们是根据什么做出是否阅读邮件的决定的呢?

正如上一章所述,邮件的版式是一个很大的因素。但是在收件人看到邮件版式之前,重要的是他是否会打开邮件,而这取决于发件人和邮件主题(即邮件名)。

对于不认识的人和尚未构建联系的人的邮件,以及发件人不明的邮件,收件人自然会推后处理。

那么该怎么办呢?

需要一个能够引起收件人注意的邮件主题。在写邮件主题的时候,要注意使用能使收件人觉得"事关自己",能够引起收件人兴趣的词语。以第 2 章中主题为"样板房参观活动的邀请"的邮件为例,如果邮件主题只写"邀请函",收件人很可能不会打开邮件,因为他不知道这是什么活动的邀请函。如果将邮件主题写成"参观样板房的邀请函",主题确实更具体了,但是距离使收件人觉得"事关自己"还很远。那么,假如根据以前与收件人接触得到的信息,在邮件名中添加收件人关心的"在自由之丘车站附近"、"步行 10 分钟以内"等关键词，结果会怎样呢？

- 参观样板房的邀请函
- 参观样板房的邀请函——步行 10 分钟可到达自由之丘车站

这两个邮件名哪个更能吸引收件人的注意力，结果一目了然。但不是什么词语都能被添加到邮件主题中的。有些人为了使收件人觉得"事关自己"，会在邮件主题中标注"需回复"等关键词。其实这样做没有必要，因为一旦决定接受邀请就有回复的义务，这是常识。而如果你标注"**需回复**"，强调收件人要回复，反而会使其不悦。

"**重要**"、"**紧急**"也是如此。看到这样的关键词，收件人也许会提前打开邮件，但是他们同时会觉得发件人在强迫他阅读邮件，以至于会对发件人产生不好的印象。此外，虽然邮件主题中标注了"重要"字样，但是收件人读完邮件之后却发现邮件内容并没有那么重要，他同样会对发件人产生不好的印象。下一次，就算邮件名中标注着"重要"，他可能也不会再予以重视，甚至可能推后处理。另外，如果邮件名中写着"紧急"，虽然收件人会倾向于尽快回复，但也会

使邮件更易回复

容易吸引收件人打开邮件的邮件主题示例

×感谢信

○感谢您参加2月3日（星期五）的商务邮件讲座

×会谈

○关于下期促销活动方针的会谈

×资料确认

○请确认A公司的提案资料

×汇报

○与B公司商谈结果的汇报

觉得自己被人操控，从而产生不愉快的情绪。

如果你希望收件人理解邮件内容的重要性并尽快回复，应尽量通过内容来表达，在某些情况下也可以打电话跟进。当然，组织内部也可以制定"必须在一小时之内回复的邮件，在邮件名中标注'紧急'"的规则。

发送催促邮件时要给对方留"台阶"

"5天前发出去的邮件还没有得到回复。"

"再收不到回复，工作就不能按时完成了。"

这种时候我们会发送邮件催促收件人回复。但是，催促邮件不能随意发送，一旦写法不对，则可能惹怒收件人。为了在不伤害收件人感情的前提下索要回复，必须慎重处理。因此，有的人写催促邮件会花费很长时间，然而不管是多么不允许失败的邮件，都不应该花费过长时间。那么，发送催促邮件的时候需要注意什么呢？

不要在催促邮件中对收件人穷追不舍，因为这是对收件人的一种责备，这只会惹怒收件人。这样一来，就算收到了回复，与收件人的关系也会恶化。重要的是，要给收件人留"台阶"，例如：

上次我发给您的邮件有些难懂，所以再次联系您。

这样一来，收件人就不会觉得自己被责备了。

此外，还有可能对方已经回复了，但是因为某些故障，你并没有收到回复。考虑到这个因素，你也可以在邮件中写"可能您已经回复了……"，委婉地表达尚未收到回复的事实，这样做更为圆滑。

有的人会觉得不必这么低声下气，然而有时自降身段，其

使邮件更易回复

实是为了更顺利地交流。而且话说回来,这个时候最重要的是收到回复,为此更要避免使对方心情不悦,产生抵触情绪。

还有些人会查看发件箱中上一封邮件的发送时间,并写入催促邮件:"4月5日11时14分32秒我给您发送了一封邮件……"出乎我意料的是,采取这种做法的人居然为数不少。这种做法就等于把未能及时回复的证据摆在对方面前,让对方无所遁形。同样,在给多次不守期限的收件人的邮件开头中使用"上次也跟您说过……",也会让他觉得你在责备他。写上这些刺激对方的内容,反而更难收到回复。想要表达自己发送了邮件这一事实,把之前发送过的邮件再发送一次不失为一种机智的做法。

- 我前几天发送给您的关于××的邮件,不知道您有没有收到?我担心您没有收到,特此再次发送。
- 最近邮件传送不太稳定,以防万一,我再给您发一遍。

发邮件告知对方已再次发送之前的邮件时,也应使用不归责于对方的说法。

其实对方没有回复,多半是因为忘记回复,或太忙,还没打开邮件等，所以对方心中也有愧疚感。因此，发送催促邮件时不要急躁，表达方式不要太直接，而应该斟词酌句。

只要超过期限一秒钟就可以问询

为了实现不用发送催促邮件就可以收到回复的目的，可以采用设定回复期限的方法。但是邮件是一种单向沟通，如果表达方式不合适，会让人觉得你在不容分说地让对方按照你的指示办事，这一点需要注意。如索要回复、请求对方发送资料的邮件，如果表达方式不合适，很容易被视作单方面的强硬要求。

"给我……"的表达方式就很容易给人留下不好的印象。如"请在4日之前给我回复"、"请在4日之前把资料发给我"，语气就像不容分说的命令。

怎样才能在不给人留下单方面命令的印象的同时设定回复期限呢？

首先，设定期限的时候，要仔细考虑对方的情况。如果对方日程紧张，需要确认你提出的期限对方能否实现，如询问对方："我希望能在4日13时之前收到回复，不知

使邮件更易回复

道您是否方便?"

其次,设定回复期限的时候要注意以工作日为基准计算天数。例如,星期五发出邮件,把回复期限定在星期一,虽然留出了两天的处理时间,但这两天是休息日。若对方从事的是周末上班的行业也就罢了,如果不是,这样设定回复期限就相当于要求对方利用周末时间工作,这会给对方造成困扰。以对方的工作日为基准计算天数,是使其遵守期限的前提条件。

此外,如果把回复期限设定在工作截止日当天,就没有灵活处理的余地了。可以先将其设定在工作截止日期的前两天,这样一来,如果对方需要稍微延迟一下回复期限,就能再延迟一两天……这样留出一定灵活处理的空间岂不更好?

另外,商定会谈时间的邮件,一般要在24小时内得到回复。因此,把回复期限设定为邮件发出后的24小时,并在未如期收到回复的情况下发送问询邮件(或者电话沟通),并不算失礼。

这里重要的一点就是"一超期就问询"。高效能人士会在超过回复期限的那一刻立即发送问询邮件。这是为什么呢?

因为立刻发送邮件可以向对方传达这样的信息：

- 重视严守时间节点这一原则。
- 对于超期行为态度坚决。

出于对超期情况的理解和对影响关系的顾虑，有些人不愿意主动催促对方。

我能理解这样的想法，但是并不认可这样的行为。工作中的信任关系，是通过严守时间节点构建起来的。

例如，你在一家公司工作，这家公司对迟到非常宽容，迟到者不会受到任何责备或惩罚。在这样的环境下，你会按照规定的上班时间出勤吗？当你上班即将迟到时，你只会认为即便迟到也没什么关系，更不会着急赶去公司。

同理，只要你允许对方超期一次，他就会认为你对超期行为的容忍度很高，以后你委托的工作，他也不会按时完成。结果就是你的工作进度被拖得越来越慢。因此，虽然这么说可能有些夸张，但是只要超过期限一秒钟就应该发送问询邮件，不过这个时候千万不要使用责备对方的措辞。

发送问询邮件是因为不能对工作延迟的状态置之不理，绝不是为了责备对方。

设置选项，诱导回复

当发出邮件却收不到回复时，人们常常会责备收件人，然而多数问题其实出在发件人身上。收件人不回复，可能是因为他根本不知道该如何回复，例如：

- 请告知您的意见。
- 关于××，您认为怎样做比较好？

看到这样的问题，收件人其实很困扰，因为问题的范围太宽泛。有的人会按照发件人的期待发散思维来回答问题，但是这样一来回复的难度就会很高。

要想收到回复，就应该提出具体的问题，例如：

- 关于××，我想听取您的意见。
- 关于××，您认为 A 和 B 哪个方案合适？

其中，提前设置好选项的方法通常都会行之有效。设置好选项，对方需要做的就只是从选项中选择一个，处理速度也会变快。

您方便的时候我们可以见一面吗?

这个问题也会令收件人不知如何回复。如果发件人能限定一个时间范围，如"下周可以吗?"收件人会更好回复。或者告知收件人"我星期一16时起，星期三13~15时，星期五（一整天）都有时间"，把自己的安排展示出来，让收件人从中选择，回复自然也会加快。

含糊不清的问题，只能得到含糊不清的答复。自己先设置好选项，来诱导对方的回复，这也是加快工作进程的诀窍之一。

重视感情交流

要想确保得到回复，在交流中就需要关心对方的情绪变化，理解对方的感情，并在此基础上表示感同身受。人们不仅不会草率对待那些能够理解自己的人，还会倾力协助。

因此，如果对方在邮件中吐露感情，一定不要忽视。例如，对方在邮件中写道"到昨天为止，我一直因为感冒发烧卧床不起，真的很难受"，可以回复**"前段时间你一定很难受吧，祝贺你康复"**；如果对方说"新店铺开了个好头，我也终于有点信心了"，可以鼓励说**"太棒了！我就知道你一定可以的"**。感情色彩增强20%左右恰到好处。

回复客户时，如果回复内容比较简短，只有一两句话，可以稍微补充一些内容。例如，客户在邮件中说：**"想到可能会遇到恶劣天气，我心中有些不安，不知道交货日期可不可以延后2~3天？"**

对于这样的邮件，回复"知道了，我再调整一下"或回复**"关于交货日期的问题，我与您有同样的担忧，我去与相关人员协调，后天之前会再和您联系"**，哪种能给人留下更好的印象？

前者给人的感觉是"既然你这么说了，那就这样吧"，而后者则表达出了对对方不安情绪的理解。正如这个例子所示，邮件中需要补充"我也是这样想的"、"我理解您的心情"之类的内容。

有人会质疑，这样添加语句不会影响效率吗？换句话说，简单地回复"知道了，我再调整一下"，从而快速回复邮件，这样不是更好吗？

的确，本书中我主张争分夺秒地回复邮件。要想在有限的时间内推进工作进程，需要使邮件内容简洁明了，并减少邮件往来次数。但是过于重视效率，以至于在感情交流方面敷衍了事，也不可取。人是感情动物，即便是通过邮件进行的人际交流，也拥有感情这一不容忽视的要素。

因为不重视感情惹怒了对方，工作会立刻受到阻碍，正因如此，妥善处理感情问题实际上正是提高效率的重要环节。高效能人士不会敷衍感情问题的处理，他们知道对对方感情的关心与工作效率息息相关。

为了增强情感交流的效果，你还可以再添加一些内容：

- 表达谢意。
- 表达感激之情。

这两点是给对方留下好印象的最简单的操作，只要使用得当，就能推动对方尽快回复。如果对方快速地回复了你的问询，或者提早完成了你委托的工作，你应该为此向对方表示感谢。

对于早回复的人，应使用**"您回复得真快！非常感谢"**，**"多亏您快速回复，后续工作很顺利，太感谢了"**等说法表达谢意。

对方感受到你对他尽早处理邮件的感激之情，下次也会提前处理你的邮件，进而推动工作进展。

5

使用戳中对方
内心的语言

用语言打动对方

在前面的章节中,我讲了"目的""视觉""易回复"等内容,但是邮件的根本还是"语言"。同样的信息,用不同的语言表述,表达效果就会有所不同。从这个角度来说,工作成功与否,取决于你在邮件中采用了什么样的语言。话虽如此,如果只是单纯地传达信息,就没有必要斟酌措辞了。

要想提高工作速度,必须斟词酌句。例如,你要发邮件请客户对一份文件进行最终的确认,于是将文件添加到了附件,并在邮件正文中写上了需要确认的内容。此时,你还得在邮件的末尾再加一句话,这句话你会怎么写呢?

- 请您方便的时候回复。
- 请您在明天 17 点之前告知是否需要修改。

使用不同的说法,后续的进展会大有不同。选择前者,你将不知道什么时候才能收到回复,因为回复时间取决于对方的工作方式。而选择后者，你可以带着时间意识推进工作。后者表达出发件人希望即使文件不需要修改，对方也要在次日 17 点前与自己联系，可见其在制订工作计划时就是以在截止时间之前能够收到回复为前提的。哪种说法更有助于提高工作效率，一目了然。

又如，客户发来索赔邮件后，第一封回复邮件的措辞方式，决定了事态的发展方向。如果该邮件的措辞使对方更加生气，必然会引发纠纷；而如果回复得当，也有可能重新赢得客户的信任。

不只是应对索赔这种不允许失败的情况，事实上，只要想顺利地交流，就需要重视语言的"感觉"。大部分工作都需要相互配合，而促成相互配合的就是语言。从这个角度看，工作效率的提高或降低，都取决于语言。

那么，能使对方行动起来的语言和戳中对方内心的语言是什么样的呢？让我们来详细了解一下。

提前储备能用上的语句

有人问我，擅长处理邮件的人和不擅长处理的人有什么区别？

二者有很多不同之处，但最大的区别还是表现力。高效能人士写的邮件，表现力都非常丰富。问候、感谢、致歉、委托、说服……不管邮件内容是什么，他们都会不时使用绝妙的措辞，打动收件人的内心。

怎样做才能拥有丰富的表现力呢？一个方法是增加词汇量，即提高词汇能力。要提高词汇能力，读书、阅读词典都是行之有效的方法，但是对于那些希望在短时间内提高邮件处理水平的人来说，这个过程太漫长，他们没有那么多时间。那么，有没有适合他们的方法？

有，这个方法就是套用擅长处理邮件的人所写的句子，根据需要进行模仿。也许你会觉得这是抄袭，但其实问候语、结束语等内容是没有著作权的。

而且，擅长处理邮件的人也会将写得好的邮件储备起来。高效能人士不会事到临头才有所行动，而会在日常工作中积累素材，以备不时之需。

话虽如此，我也能够理解大家不好意思直接借用别人的邮件内容，但我们可以稍做改动，将其变成自己的说法。阅读邮件，挖掘这封邮件令人心生好感的原因，整理出它动人心弦的要点，从而写出自己的触动心灵的语句。

在这里，我要介绍几个用得上的句子。

使用戳中对方内心的语言

正因为是您，才值得托付。

这样的说法可以使对方感到自己被无条件信任。即使对方知道这是应酬话，也会努力不负期望。"这件事只能拜托您了""不知道可否拜托您"等说法也有同样的效果。

还请您帮忙。

这句话直截了当地拜托对方，反而会让对方觉得"话都说到这个份儿上了……"与其他词语组合使用效果更佳。例如，比起"请协助问卷调查"，"还请您帮忙回收问卷"更能触动对方的内心；比起"请对设计方案提出建议"，"为了完善设计方案，我想听取您的意见，还请您帮忙献计献策"，这样写更有助于收集大家的意见。

非常抱歉，由于我公司规定……

这是当对方提出无理要求，不得不回绝时的"必杀句"——既然是公司的规定，与个人意愿无关，那我就没有办法满足您的要求了。由于不能欺骗对方，这句话的使用范围有限，但它绝对是紧急情况下摆脱危机的金句。

这些例子只是九牛一毛。高效能人士会在日常工作中积累这样的"必杀句"，并在关键时刻灵活运用。建议大家只要在收到的邮件中发现了用得上的句子，就用自己的分类方法把它们记录下来。

将消极语言转换为积极语言

曾经在一次培训中，有一位学员向我吐露了他的烦恼："我的邮件经常惹怒收件人，连领导都惊讶于我会一而再，再而三地犯这种错误……我该怎么办啊？"

为了找出问题所在，我查看了他写的邮件，终于知道他为什么会惹怒收件人了——他的表达方式太过直接，而且词汇量不足。

的确，商务邮件需要简洁明了地传达信息，比起拐弯抹角的说法，直接的措辞更便于理解。但是表达方式过于直接，会使对方觉得你在单方面施加命令，对你产生排斥。例如：

- 这是规定，请执行。

使用戳中对方内心的语言

- 您说的内容我没有理解，请再解释一下。
- 在截止日期之前无法完成。

这些说法将发件人的想法过于直接地表述出来，含有强烈的不容分说、否定对方、命令对方的意味。不妨转换一下说法：

- 这是规定，请执行。
→非常抱歉，这是我们的规定，希望您可以协助执行。
- 您说的内容我没有理解，请再解释一下。
→非常抱歉，我不是很理解您说的内容，能麻烦您再解释一下吗？
- 在截止日期之前无法完成。
→请您宽限我一天时间，我应该可以完成。

同样的内容，换成合适的说法，更容易使人接受。这样的例子数不胜数。

高效能人士的语感十分敏锐，他们不仅可以准确地传达信息，还会有意识地考虑如何给对方留下好印象。因为就算你传达的信息无误，如果对方对你没有好印象，也不会心情愉悦地与你合作，反而可能拖延工作。要想提高工作效率，仅靠自己的努力是不够的，只有使对方心情愉快地与你合作，才能加快工作进程。

那么，高效能人士是如何给对方留下好印象的？

高效能人士很少使用消极的语言，即便在传达消极的内容时，也会尽量使用积极的表达方式。例如，他们会将"按时集合不要迟到"换成**"请您预留足够的时间，及时到达集合地点"**。再比如，他们会将"请不要随意修改数据"改为**"如果需要修改数据，请与负责人联系"**。这样一来，不仅不会惹怒对方，还可以使其欣然采取我们所期望的行动。

第4章中出现的"请……"这一表达方式，可以换成表示提议、疑问的"可以请您……吗？"

- 请协助。

→可以请您协助吗？

- 请指示。

→可以请您指示吗？

- 请及时联系。

→可以请您及时联系吗？

使用戳中对方内心的语言

转换说法时,需要注意的要点很多,其中最关键的就是不要为自己的行为道歉,而要感谢对方的行为。比起"没能接到您的电话,非常抱歉","感谢您的来电"更能给人留下好印象。

因此,在发送邮件之前,检查一下有没有需要转换成积极语言的内容十分有必要。

删除多余的开场白

你是否曾在与人谈话的时候不自觉地焦虑起来?

对方不肯听取你的意见(只顾自说自话),你的意见被全盘否定,谈话始终得不出结论……使人焦虑的原因有很多种,其中我最害怕的是开场白过长。每次听到过长的开场白,我都十分希望讲话者尽快切入正题。

善于表达的人不会做过多无谓的"装饰",而是直接切入正题,反而使得结论清晰明了。听的人也能够毫不费力地清楚了解对方的要求,并进行相应的回复。邮件也是如此。

我发现,很多人会在邮件正文中加入过多没有必要的开场白。

- **上次的会谈中就向您提到过**，现将今后的计划再次告知您。
- **虽然还没有正式确定**，但估计下个月的营销活动将更加猛烈。
- **内容完全没有问题**，只有一处，希望可以尽快修改。

上文中加粗的内容，即便删除也没有影响：无论之前是否提到过某件事，既然这件事被再次提起，就没有必要提之前的情况；还没有正式确定的内容，只能作为计划；既然内容没有问题，直接说哪里有问题即可。

另外，含糊不清的表达方式也不可取。

- 我的意见可以说是 A，也可以说是 B。
- 可能很多人觉得 A 效果好，但其实 B 的效果更好。
- 我个人认为是 A，但考虑到公司情况等，可能 B 更合适。

这 3 种说法都含糊不清，让人无法清楚理解。

与发送给朋友和熟人的私人邮件不同，商务邮件注重结论，没有必要玩文字游戏。有些人把得出结论的过程描

使用戳中对方内心的语言

述得过于详细。

> 前几天我们谈到的事情,我和领导商量了,他同意××,但是××的日程可能有问题。之后我又和领导谈过好几次,但是他的意见都没有发生变化;我也与相关部门协调过,看看能够做些什么,结果也没有办法。因此,这次的提案只能暂缓考虑了。

不是说没有必要解释来龙去脉,只是对于对方来说,重要的是结论,所以对过程的说明需要尽量简洁。高效能人士的邮件中,几乎没有这种无用的句子。输入没有必要写的内容,是浪费时间的行为。

其实,大部分无用信息都是发件人的过度解释和自我辩护,对收件人来说并不重要。写邮件时,应删除那些没有意义的开场白和表达,使用便于理解的表达方式。

不要使用"有空的时候"

有些人会在业务邮件中写类似"初次与您联系,抱歉打扰"的句子。我推测,这是因为发件人认为突兀的邮件会给收件人造成困扰。

我也有业务经验,所以能够理解,与不认识的人接触的确难度很高。而且如果对方毫不客气地回复"的确令我困扰"、"不需要",心里就更受挫了。就算对方不直接回绝,由于业务邮件经常得不到回复,为了使对方回复,写邮件时也会不自觉地过度谦恭。

但是,如果写"还请原谅",就等于宣告自己做了需要请求原谅的事。突然给不认识的人发送邮件,确实要表现出敬意。然而,那些对对方的业务有帮助的邮件,真的不必写得那么谦卑。给不认识的人发邮件,写"**突然给您发邮件,失礼了**"或"**初次联系**"足矣。

理性地想一想,为了吸引对方将邮件看完,比较理想的方法是把邮件写得像客户发来的邮件一样,让对方没有违和感地阅读下去。

"这么谦恭,应该是业务邮件","看上去就像模板,应该是群发邮件"……为了防止对方产生这样的想法,从而产生戒备或困扰,需要把相关的因素一并清除。

有些人出于为对方考虑,经常使用如"您有空的时候……"的句式。这会使忙碌的收件人低估邮件的紧急程度,就算可以立刻回复,也会推后处理。

使用戳中对方内心的语言

看到"有空的时候",收件人就会认定这封邮件不需要立刻回复,结果就是邮件被推后处理,最坏的情况是收件人甚至有可能忘记回复。

为对方考虑的确很重要,但是也不能置收到回复这一目的于不顾。

你可以把回复期限清楚地写在邮件上,这样一来,对方就可以判断应在什么时间处理这封邮件,你也能心中有数,知道自己需要等到什么时候。

不使用"有空的时候"的另一个原因是,过于照顾对方的感受,会使自己在双方的关系中被固定在谦恭的状态,这样反而会对业务造成不好的影响。高效能人士深知这一风险,所以不会轻易使用"有空的时候"等句式。

不要使用"请允许我"

邮件难读的原因之一,是过度使用敬语。例如"请允许我",很多人爱用,甚至常常误用。比如"请允许让我发送邮件"这一绕口的表述,正确的说法是"请允许我发送邮件","让"很明显是误用。

"请允许我"在大多数情况下可以用"我会"代替。

例如,将"请允许我制作资料并发送给您"换成"我会把资料做好并发送给您",阅读起来会更为通畅。

高效能人士很少在邮件中使用"请允许我",因为他们明白这种拖沓的表述会让对方产生违和感,影响对方对内容的理解。

对于通篇"请允许我"的邮件,收件人就算反复默读也读不通畅,以至于不能顺利地理解内容。而使用前面所说的"我会",内容会更加简洁,能被收件人一眼映入脑海。最重要的是,能让收件人没有违和感、没有负担地阅读。

大部分事情都可以用"请"、"我会"等简洁的表述。有滥用敬语习惯的人,在写邮件时可以试着禁止自己使用"请允许我"。

"我知道了"这一表述,在特定情况下也有可能让收件人产生违和感。例如,对领导使用这一表述,可能会让对方觉得你很失礼。"明白"、"收到"等都可以表达了解对方所说内容。请根据情况选择适合的表述。

不要轻易使用"我认为/我想"

"我认为/我想"这一表述同样应该避免,因为它包含着逃避责任、缺乏信心、焦虑等情绪。如果在应该得出明确结论的地方使用"我认为/我想",收件人会介意,甚至不愿意继续读下去。"我认为/我想"应该被用于表达自己的意见、感想以及感受,如"拜读了您的著作,我受益匪浅,我想推荐给同事们阅读",或者"我认为 A 方案更好,您怎么看"。

查看邮件的时候,"我认为付款时间是下月末"、"我认为我方将在下周交款"等句子会令我感到不悦。我认为应该确认好事项再发邮件用"我认为/我想"来表述。

邮件只能用文字传达信息,因此,要避免对方将信息理解错误。如果遇到信息还没有完全确认就需要发邮件的情况,在前文的案例中,不要写"我认为付款时间是下月末",而该写成"付款时间是下月末,我向会计确认之后再与您联络"。

当然,对于很多推测、预测、无法断言的内容,如不便断言的战略等,传达前需要事先表明"我预测"、"我个人认为",或者"我确认一下细节再……",这样文中就不用反复使用"我认为/我想"的表述了。

"我认为/我想"是在叙述自己的意见、感想、感受,以及一些不确定的内容的时候使用的。当然,此时也可以使用前述的句式事先表明内容的不确定性。

只要贯彻这一原则，你的邮件就会比现在更易于理解。

应对愤怒邮件的 3 个要点

培训中经常有人问我："我的邮件惹怒对方了，究竟是什么地方出了问题？"

既然邮件是由语言构成的，邮件引起的冲突一般也与表达方式有关。邮件的往来是由发件人和收件人双方的词汇能力、阅读能力以及沟通能力保证的。如果双方能力差距较大，就有可能出现问题。

因此，无论你写得多么认真，都有可能出现不够妥帖的表达，从而惹怒对方。这可能是你的问题，也可能是对方的问题。这时可以先不必着急分析原因，而是先处理好事态。

在收到愤怒邮件的时候，有几个要点有助于平息对方的怒气。第一个要点是"立即应对"。如果由于一直在思考对策，没有采取行动，对方会更加愤怒，这是最坏的结果。因此，无论如何，都必须马上应对愤怒邮件。

应对时，应根据情况判断是用邮件联系还是电话联系，

使用戳中对方内心的语言

但是，不管采用哪种方式，对方生气的原因都不是我方的失误，而是误会——"不随意道歉"，这是第二个要点。

从某种程度上说，道歉等于承认错误，这可能为之后的处理过程埋下隐患。如果对方生气的原因不明确，在你认为应该道歉之前不要急于道歉，不然可能会火上浇油，让对方觉得"不是光道歉就可以了！"。

话虽如此，我方失误的情况也存在，因此某些时候也需要道歉。不过，道歉也有窍门。

这次给您添麻烦了，实在抱歉。

这里应只对"添麻烦了"这个事实表示歉意，不必提及引发矛盾的具体问题。这能表现出认真对待问题、正确把握事态的态度。

对愤怒邮件的后续处理应根据与对方的不同关系而有所不同。如果与对方有交易关系，应道歉说"给您添麻烦了"。不能马上答复时，应发邮件说明"我与领导商量之后再联系您"，并在当日内再次联系。

对于通过公司网站"联系我们"一栏发来的邮件，我想每家公司都有应对手册，遵循手册上的指导回复即可。

应对愤怒邮件的3个要点

立即应对

不要因为没有及时采取行动使对方更加生气,应该尽早处理。

不随意道歉

只在确定错在自己的时候才道歉。

修改邮件名

让对方看到他写的邮件名,会使其再次怒火中烧。

使用戳中对方内心的语言

实际上，从网站"联系我们"一栏等发来投诉邮件的人，很有可能只是希望公司听取其意见。对于产品问题等具体投诉，可以用退换货的方式来处理，但对于希望公司听取其意见的人，则不存在可以采取的具体行动，只能接受对方的意见，回答**"感谢您的宝贵意见，我们将作为参考"**。可见，接受投诉的内容也是一种可以采取的行动。

另外，还有一个需要注意的细节，即在回复愤怒邮件时，要修改对方的邮件名，这是应对愤怒邮件的最后一个要点。

回复的时候，如果不修改对方在气头上写的邮件名，例如使用默认的回复邮件名"Re：你们公司的处理方式太差了"，对方会再次看到那个邮件名，愤怒情绪容易复苏，结果好不容易解决了问题，功夫都白费了。在这个案例中，应把邮件名改为"这次给您添麻烦了"。

敢于询问不好打听的事

对于沟通交流手段，我们通常会认为面对面交流比邮件交流更有效。的确，由于可以使用表情、声音等来加强信息细微部分的表达，面对面交流有其优势。同时，面对面交流还有助于确认对方理解程度，并在此基础上推进话题。

然而，任何时候都是面对面交流比较有效吗？并不是。有时邮件交流反而更方便。

例如询问不好打听的事的时候。

当推销自己公司的商品和服务被拒绝时，我们会想知道对方拒绝的原因。这时，面对面直接询问是不妥的，对方也会含糊其词地回答。从这个角度看，采用邮件的方式反而没有面对面的紧张感，可以直接询问。

我经常在培训中说"虽然成功率不高，但还是要问一下试试"，即使是不好打听的事，也应该尝试一下，看能不能打探出一些信息。

话虽如此，胡乱打听却是不智的。这种时候，请使用**"在可能的范围内"、"如果方便的话"**等表述。

它们虽然简单，但往往很有效。

"这次为什么没有成交，您能在可能的范围内告知我吗？"加上这样一句话，对方告知的概率就会提高很多。但是有一点需要注意，邮件内容要体现告知的好处。因为对方原本没有告知的义务，既然想让他们特意告知，就应该有相应的理由。

使用戳中对方内心的语言

- 我希望在下次的交易中令您满意。
- 我想与××先生长久合作。
- 无论如何我也希望能为您提供帮助。

这些表述能使对方知道告知拒绝的原因能给他带来好处。

如果你是新员工，下面的表述可能更合适：

我希望能够成长为一个成熟的工作人员，为您提供更好的服务，如果方便的话能告知我拒绝的原因吗？"

这里的重点是体现出你对对方的价值。因此，"我要向领导汇报，麻烦您告知"之类只顾及自身需求的表述，恐怕会起反作用，更无法赢得对方的信任。

所以询问不好打听的事需要努力找到能使对方觉得值得告知的理由。

注意不同表述的轻重程度

为了保证信息传达的效果，必须根据不同的场合使用不同的措辞。但是，我经常发现措辞和场合"不适合"的情况。

有的工作邮件会让我有违和感，其原因就是这种"不适合"。

很抱歉给您添麻烦了，但请您务必再发一下。

这是一次我忘记附上 Excel 文件附件，对方发来邮件请求重新发送时使用的表述。通常，在委托他人工作时，使用的表述要根据工作进展发生变化。在上文的案例中，把数据文件附在邮件中的工作不困难也不复杂，而且是我的工作出现了失误。尽管如此，对方还是用了"很抱歉给您添麻烦了"，这样的措辞让我觉得他过于谦恭了。

这种情况尚且如此，那么当他需要委托别人做一些更复杂又费工夫的工作时又应该如何写邮件呢？

通常，在委托别人工作的时候，会有如下页图所示的不同程度的表述。

另外，用于道歉和解释的表述，也有程度的区分。如果用错程度轻重，会让对方产生违和感。

听我这样说，也许会有人不以为然，觉得我小题大做。

使用戳中对方内心的语言

委托工作时不同程度的措辞

轻	不好意思……
↓	麻烦您……
↓	抱歉给您添麻烦了……
重	给您带来麻烦,十分抱歉……

- 句子前面加上"非常"能够起到强调作用。
- 普通业务(数据交换、资料确认等)使用"不好意思"足矣。

确实,在表述的选择上稍微犯点错误,不会产生巨大的损失。但是信息的重要程度无法传达给对方,这是一个严重的问题。

比如,虽然自己内心十分愤怒,却无法把这种情绪传达给对方;或者委托对方做需要花费时间和精力的工作,却误用了轻率的表述。

另外,如果没有对表述的轻重程度做到心中有数,发送邮件的时候也容易纠结。

实际上,在培训现场,也有很多人花很长时间考虑"麻烦您了"和"不好意思"用哪一个比较好。

如果你也有类似的问题,应尝试整理不同表述的轻重程度。

当然，措辞和场合不是一一对应的，措辞方式存在个人差异也在所难免。但是，如果对不同表述的轻重程度有一定的认知，误用的情况就会变少，更重要的是，邮件的处理速度也会变快。

6

缩短邮件的
处理时间

缩短邮件处理时间的 4 种方法

高效能人士写的邮件是什么样的?

前面几章中,我围绕"目的""视觉""易回复""语言"等间接要素对此进行了解说。这些要素确实非常重要,但是无法直接缩短邮件的处理时间,依然不能提高工作效率。那么,应该如何提高工作效率?这就是本章的主题。

想要缩短邮件处理时间,有几种方法。

首先,收到邮件应该立刻回复。邮件的回复越快越好,回复时间过长,不仅自己的工作,对方的工作也会因此停滞不前。

其次,减少邮件往来次数,缩短邮件读写时间。

在第 1 章中,我介绍了下面这一关于邮件处理时间的公式:

邮件的处理时间 = 读邮件的时间 × 收到的邮件数 + 写邮件的时间 × 发出的邮件数

缩短邮件的处理时间

据此就能找到缩短邮件处理时间的方法。

一个有效的办法是减少邮件数量。不管是写邮件，还是读邮件，总归是要处理完一定数量的邮件。因此，要考虑减少一天中邮件往来的次数。

另外，要缩短邮件读写时间。如果能提高写作和阅读的速度，哪怕是只提高其中一项的速度，就可以缩短邮件处理时间。相应地，留给邮件以外的工作的时间也能增多。

如果能够实践立刻回复、减少邮件往来次数、缩短邮件阅读时间、缩短邮件写作时间这4种方法，在邮件上花费的时间会明显缩短。

那么，让我按顺序说明具体的做法。

收到邮件立刻回复

首先是"立刻回复"。邮件交流成立的前提是，对方的存在：发件人发出邮件；收件人接收邮件，收到邮件后，写回复邮件并发出；邮件往来多次后，双方确认想法，工作才得以顺利推进。

如果邮件往来在某处中止，就要拨打电话或发邮件确认情况。根据不同的情况，可能需要重新展开工作或者道歉。

为了不使意外因素导致工作停滞，对所有的邮件都要回复，不能遗漏。有时可能你觉得你已经回复了，实际上却忘了回复。在培训中，我听到了大家的情况，发现2%~3%的邮件会被忘记回复。

有时，你并非故意不回复，只是在纠结怎么回复的过程中，不知不觉地忘记了，结果就没有回复。然而，故意也好，过失也罢，从对方的角度来看，事实就是没有收到回复。

为了防止出现这种情况，要养成看完邮件后立刻回复的习惯。手头有30封未处理邮件和10封未处理邮件，哪种情况更有利于后续工作的展开？答案显而易见。

因此，应该努力减少手头堆积的未处理邮件，做到立刻回复。我给自己设了一个规定：在收到邮件后的1个工作日之内回复。即使对方提出的期限是3天之内，我也优先遵循自己的规定。为自己制定规则，一旦决定就坚决执行，就是实现立刻回复的诀窍。

另外，立刻回复也能照顾对方的情绪。发件人并不知道收件人是否收到了邮件，有没有点击查看，或者就算查看了，是否理解了邮件的内容。

例如，某公司星期一给A和B两家公司发送了主题为

缩短邮件的处理时间

"请在本周五之前提供报价"的邮件。

- A公司在星期一当天回复了邮件，表达了对委托的致谢，并在星期五提交了报价。
- B公司在星期五提交了报价。

两家公司都在期限内提交了报价。但是像B公司这样收到邮件后不立刻回复，会让发件人在发出邮件后，担心收件人是否收到了邮件，有没有打开阅读。而A公司因为立刻回复，让发件人知道其收到了邮件，所以消除了发件人的不安。可见，做到立刻回复，会让发件人感到安心。

不能处理的时候不查看邮件

贯彻立刻回复原则，还有一点需要注意：不要过分拘泥于及时查看邮件。有的人为了立刻查看收到的邮件，启用了桌面通知功能（收到邮件时，邮件名会在电脑右下角显示）。邮件处理得慢的人，每次收到新邮件都会在意，以至于要随时检查邮箱，结果正在进行的工作反而草草了事。

假如正在进行制作企划书这种需要集中精力的工作，但是每次收到邮件都会去查看，结果会怎么样？

即使查看邮件之后再继续原来的工作，也不能立刻进入查看邮件之前的集中状态。继续思考工作中断之前正在思考的事情也需要花费时间，这样工作效率非常低。

邮件处理得快的人不会使用桌面通知功能，或者即使收到桌面通知，也不会冲动地查看。他们工作时有很强的自制力。查看邮件，早上、中午、晚上各一次就足够。

实际上，高效能人士会在能处理邮件的时间段查看邮件，专心致志地回复完所有邮件。换句话说，在不能处理的时候，就不要查看邮件。

我一上班就会查看所有收到的邮件。其中因为篇幅过长而需要花费时间阅读的不能立刻回复的邮件，我通常会暂时保留，然后重点处理能立刻回复的邮件。这能切实减少需要处理的邮件。之后，我会利用工作的碎片时间处理之前暂时保留的邮件和新收到的邮件。

例如，在客户到达之前有 5 分钟的空闲时间，这 5 分钟可以处理 2~3 封邮件。利用碎片时间，主动查看邮箱，当你下班时，未处理邮件数就会是 0。这样一来，你就能心情愉快地迎接下一天。

缩短邮件的处理时间

不能立刻回复的邮件，先回复"已收到"

话虽如此，但是需要相关人员协调，或者需要仔细推敲文字的邮件，没有办法做到立刻回复。

这样的情况确实十分常见。

另外，如果收到投诉邮件，大多数人也不会马上处理，而是等对方的愤怒平息后再处理。我能理解这种心情。但是即便如此，还是应该尽可能立刻回复。

高效能人士不允许例外发生，因为一旦破例，人就会开始扩大可允许情况的范围，最初是允许出现特定情况，然后例外情况会不断增加。因此，请严格遵守"立刻回复"这一原则。

对于投诉邮件，可以如下文所示先回复"已收到"，之后再正式回复。

邮件已收到。这次给您带来了麻烦，非常抱歉。确认情况后，我明天再联系您。

这种情况下，最重要的是告知回复期限。有些人为了给对方留下好印象，还没有通读邮件就设定一个比较短的期限，其实最好不要这样做。

如果相关人员既没有信心也无法保障工作调整能够在当天完成，那么应该设定一个比较宽裕的期限，早于期限回复还会给对方留下好印象。

如果你把后天设为回复期限，结果第二天就回复了，对方就会认为你回应很迅速；但是如果你将回复期限设为今天，却在第二天才回复，对方就会觉得你回应得慢。同样是第二天回复，给对方的感觉却截然不同。

不知所云的邮件，该怎么回复也令人烦恼。这种情况下我们很容易焦躁："这么忙的时候不要给我发莫名其妙的邮件！"但我们还是需要控制情绪，冷静下来。如果收到了意图不明的邮件，就把它当成对阅读能力的训练，用"××可以吗？"总结对方的意图并向对方确认。

我曾经在培训中听到有人说，写用于确认信息的邮件需要时间，所以这类邮件总会被推迟发送。

的确如此。但是，不管是立刻回复，还是推迟回复，花费的时间不是相同的吗？既然如此，不如立刻回复，实际上很多时候，写邮件的速度比你预想的要快得多。

写作需耗时的邮件时，要尽可能地把自己的意图准确地传达给对方，保证发件人与收件人理解一致，不必多次确认，这也是提高工作效率的诀窍。

利用部分引用快速回复

下面我来介绍一下实现立刻回复的具体方法，就是部分引用。

回复邮件时，点击回复按钮后，原邮件的正文会附在新邮件中，需要时可以引用。引用原邮件有全文引用和部分引用两种方式。

把引文原封不动地留在下面，然后重新开头写自己的内容的方式，是全文引用；留下引文中必要的部分并插入评论的方式，是部分引用。

那么，全文引用和部分引用有什么不同？

最大的差别是回复邮件所需的时间。

如下页图所示，如果采用全文引用的方式，因为需要参考原邮件的内容来回复，为了读邮件，你需要上下移动页面，写邮件的时候，又要上下移动页面，这样很影响效率。

而部分引用使用一问一答的形式，写起来很轻松。你

全文引用和部分引用

全文引用

```
日本商务邮件协会
平野先生

承蒙您的关照。
我是文响出版社的田中。

在上次的邮件中,您提到先按最初的计划进行,
之后如果出现问题,每次出现时再改正即可。
我也赞成这一点。
但是,我有一点担心……

田中

文响出版社
田中先生

承蒙关照。
我是日本商务邮件协会的平野。

关于项目推进方法的问题,
我认为可以先按最初的计划进行,如果之后出现问题,
每次出现时再改正即可。
```

> 需要对收到的邮件进行概括

部分引用

```
日本商务邮件协会
平野先生

承蒙您的关照。
我是文响出版社的田中。

我认为可以先按最初的计划进行,如果之后出现问题,
每次出现时再改正即可。

我也赞成这一点。
但是,我有一点担心……
```

> 可以删除无关的内容,空一行写自己的意见

缩短邮件的处理时间 6

只需要摘录原邮件的特定部分，然后对其进行回复，无须概括总结原邮件内容。

部分引用的好处不仅是可以减少输入的字数。如果对方的邮件篇幅较长，或者正文包含了多个问题，采用全文引用的方式，有可能会遗漏要点。而通过部分引用对正文的特定部分分别进行回复，则规避了遗漏的风险。

现在我采用的是部分引用的方式，但以前我的方法是先仔细阅读原邮件，总结出自己的意见后按下回复按钮，然后再一次阅读原邮件，并且思考如何回复……

后来，我意识到这样需要阅读两次原邮件，实际上浪费了时间。其实，我只要在第一次阅读原邮件的同时写回复即可。

具体步骤如下：

首先，收到邮件后，阅读前几行中的要点部分，然后用一两秒的时间确认能否立刻回复。

其次，点击回复按钮，将引文设置成不同的格式，边读引文（原邮件正文）边写回复。把没有必要保留的部分删除，想回答对方提出的问题或者有想要传达的信息时，就在相关引文下面空一行写出。

该流程虽然与一般的部分引用类似，但可以减少阅读邮件的次数。按照这个步骤回复邮件，则只需要读一遍原邮件。

邮件很容易成为单向表达的工具。但是，如果采用部分引用的方法，就可以像对话那样回应对方，避免单向表达的缺点。

但是，在部分引用的时候，有一件事必须要注意：不要为了自己的利益，随意删除对方的内容。多余的内容的确需要删除，但不能影响对方想要表达的内容，以及邮件正文前后关系的清晰程度。如果误删了必要的内容，上下文的连贯性会受到影响。错误地截取对方的邮件内容，往往是冲突的根源。

加入的 CC 越少越好

接下来我来讲述一下如何减少邮件往来数量。如果收到的邮件减半，阅读邮件的时间就能减少一半。那么，应该从什么邮件开始删减？

首先，可以从没有读过的电子杂志下手，并退订不感兴趣的订阅邮件。当然，你也可以每收到一封邮件就删除一次，但是这种做法比较浪费时间。对于不需要的订阅邮

缩短邮件的处理时间

件,果断退订即可。

其次,只交换了名片,对方根据名片上的联系方式发来的业务邮件也应该停止接收。标注了退订方法的就退订,对于不清楚退订方法的邮件以及可疑企业发来的邮件,可以将其发件人加入黑名单,使其邮件自动进入垃圾箱。这样,这些垃圾邮件就不会再出现在收件箱中了,处理起邮件来能够畅快很多。

这些办法都可以使邮件往来数量减少,但更有效的方法是对"CC"的控制。

CC 是邮件的抄送功能,被用于向某项工作的非直接负责人共享信息。加入的 CC 越多,收到的邮件也就越多。

如果你是领导,请查看一下自己是否被加入了过多的 CC。

作为员工,把领导加入 CC 能使信息共享和工作汇报变得轻松。领导跟踪工作进度的时候,如果了解流程,就能迅速地应对。另外,口头报告的内容事后可能无法确认,邮件则可以留下记录。因此,很多人并没有深思熟虑,就把领导加入了 CC。结果原本用于信息共享的抄送邮件,却被收件人认为无须查看,这是值得深思的。

从领导的角度来看,不必加入的 CC 有很多。

如果需要判断某项业务处理是否得当，或者想了解业务处理的过程，那么应该充分利用CC的抄送功能。但是，如果没有这些需求，就可以让相关人士不要抄送自己。这样，收件箱就不会被塞满不必要的邮件。

大项目的运行必须事先设定"提前确定信息共享对象"、"工作汇报另行发送邮件"等基本规则。虽然大部分邮件都可以抄送，但是由于总有需要单独联系的时候，以及不同业务涉及的业务内容、组织规模、形式等不尽相同，是否需要抄送不能一概而论。无论如何，一旦被加入CC，肯定会增加不必要的邮件。

此外，滥用CC还有一个弊端。如果你不断抄送无用邮件，收件人会觉得你的邮件都与其无关，其当事人意识会逐渐淡薄，以至于即便再被抄送，他也不会再查看邮件了。这样一来，CC原本的价值就没有实现。为了让所有相关人员都能看到自己应该看的邮件，也要减少不必要的CC。

最后，还要明确被加入CC的人的"角色"。有人问过我："被加入CC的人应该怎样回复邮件？"

结论是：被加入CC的人没有必要回复。因为对方把你加入CC，为的是以防万一，让你对邮件传达的信息有所了解。

缩短邮件的处理时间

唯一的例外是当"To:"的收件人不在,必须由你代为处理的情况。这时候,你应在回复邮件的开头写上"××休息,由我代为处理",再进行回复。

我曾经见过有人在抄送给他人的邮件中写下"××先生,您觉得怎样?"需求被抄送者回复。但这只会引起混乱。如果需要对方回复,应该把他放在"To:"这一栏。

CC 的使用方式因人而异,所以我建议在组建新团队开始工作前,事先通过邮件确认 CC 的用法和规则。

适当使用邮件之外的联络方式

减少邮件往来数量的另一个关键是,使用邮件之外的联络方式。

在某些企业,在同一楼层办公的同事也会理所当然地利用邮件进行交流。

其实,类似"明天 13 点开会确认项目进度可以吗?"的问题也可以口头询问。这样一来,你可以在 10 秒内得到回复。如果双方用邮件沟通,则需要花费 1~2 分钟的时间。

与公司外部人员的交流也是如此,如果通过电话沟通更快捷，那么你应该毫不犹豫地打电话。

适合通过电话沟通的情况有：

- 可以当场回复的事情。
- 紧急的事情。
- 需要边解说边确认对方的理解程度的事情。
- 因为存在感性因素，仅用文字表达容易引起纠纷的事情。

即使对方已经发来邮件，如果你认为电话沟通更快捷或更不容易引起误解，都可以主动进行电话沟通。

我在培训中调查发现，高效能人士更擅长使用电话沟通。一旦在邮件交流的过程中发现事态向不好的方向发展，他们就会暂时停止邮件交流，采用电话沟通的方式进行处理。这样确实能够避免误解，工作也会进展得很快。

假设你刚好需要在出门前发一封邮件。如果你的表达方式不恰当，有可能会招致误会。但由于你即将外出，即使对方回复了，你也不能马上处理，所以此时你最好果断地打电话与对方沟通。如果想用邮件来消除因为邮件造成的分歧，会花费更多时间，这反而可能导致分歧继续扩大。

将误会防患于未然，或者一旦出现误会就尽早解决，这是提高效率的诀窍。

那么，适合通过邮件进行交流的情况有哪些？那就是需要保留证据的情况。

当对方的意见反复变化，以及当需要把"大家已经达成共识"这一事实作为证据留存下来的时候，请务必使用邮件交流。在争论某人是否说过某些内容的时候，通话内容无法作为证据出示；如果只有两个人参与了面对面的谈话，谈话内容后期也无法确认。因此，如果要在电话中讨论需要保留证据的内容，应该事先用邮件发送同样的内容。

对交流方式的判断和选择，是实现高效工作必须磨炼的技能。

利用自定义短语实现快速输入

接下来是缩短邮件写作时间。

为了快速写完邮件，我推荐大家使用自定义短语的方法。

自定义短语是指通过简单的操作，使键入的较短的字符串被立即转换为长短语或短句的功能。

自定义短语示例

zongshi→总是承蒙您的关照。

jinkuai→感谢您的及时联络。

queren→请进行确认。

tantao→请您来一同进行探讨。

mafan→麻烦您了，请多关照。

woshi→我是××交响乐团的小李。

搜狗、QQ等输入法的用户可以在设置中设定自定义短语。例如，设置"总是承蒙您的关照"的缩写为"zongshi"，那么以后只要输入"zongshi"，"总是承蒙您的关照"就会全部显示出来。

从实际键入情况的角度来考虑，键入"zongshi"（击键7次）就能显示原本需要键入"zongshichengmengnindeguanzhao"（击键29次）才能形成的字符串，减少约76%的击键次数。可见，使用这个功能能加快输入速度。除了写邮件，文件制作等用电脑输入文字的情况都可以使用该功能。

自定义短语不仅可以提高输入速度，还可以减少输入错误。同样的句子多次输入难免会出错，但是如果通过自定义短语实现自动输入，就能避免输入错误。

正如第 5 章所说，问候语大多由固定词组组成，只要记住几个模板，灵活使用即可。但是，想要准确地记住这些模板，也需要一定的时间。在这种情况下，就可以利用自定义短语来输入。

综上所述，自定义短语可以弥补打字及词汇量等需要长时间训练的工作能力的不足。

120% 地利用模板

要大幅缩短邮件写作时间，还有一个方法是利用模板（即固定格式）。

如果你在工作中需要处理很多内容相似的邮件，利用模板会很有效果。把每个月都会发送的邮件模板化，反复利用，那么每类邮件每年都能减少 30 分钟到 1 小时的处理时间。利用模板处理重复工作，能节约很多时间。

- 感谢您申请参加研讨会。
- ××商品已发送。
- ××会议将在下个月的××日召开。

这些类型的邮件应该重视功能，而不是文字细节。研讨会参会申请的反馈，告知对方已经完成研讨会的报名即可；发送商品的通知，告知对方何种商品将于何时送达即可；邮件开头的内容没有必要每次都下功夫斟酌，直接用同样的内容即可。

但是，这里要注意的是，邮件不要太模式化。

以业务邮件为例。

"浏览了贵公司的网站，特与您联系。希望能在您方便的时候和您见一面。"使用这样的模板，会让收件人觉得你给每个人发的邮件都是一样的。这类邮件之所以让人感觉模式化，是因为它们不能让人感受到一对一交流的"温度"。

实际上，很多人不经深思熟虑就使用了模板。一旦文字显得过于模式化，好像被反复使用过，就会使人觉得发件人写邮件时并不认真。

如果将上文中的示例换成以下写法，效果将大不相同。

浏览了贵公司的网站，我认为，关于贵公司擅长的××领域，从××的观点来看能够有所帮助，因为同行业的××公司已经取得了成绩。

缩短邮件的处理时间

这种写法能使收件人感觉到你是经过充分的调查之后才联系他的。因此，在使用模板的时候，也要表现出独特性，这一点十分重要。

可见，处理邮件需要在模板上下功夫。另外，发送邮件前一定要变更模板中的日期、姓名、地址、金额等信息。忘记变更信息的失误很容易发生，而且一旦发生，就会造成致命的后果。然而，这样的失误是可以在制作模板的时候预防的。

将姓名、日期、金额等每次都需要变更的部分用"●●●"表示，然后用文本文件制作模板。

也有人用"○○○"表示需要变更的部分，但是因为这个符号在文中不够明显，所以容易看漏。建议大家使用●、■等实心黑色符号，然后在使用模板的时候，先修改实心黑色符号处的信息再发送。

如果原封不动地使用过去的邮件，很容易遗漏需要修改的信息，以至于不得不花时间道歉。使用文本文件来制作模板，可以在很大程度上减少遗漏信息的风险。

很多人认为，模板一般应用于邮件正文，其实从邻近车站到公司的路线指引等不需要每次变更的信息也可以作为邮件的零件制成模板。这样，在需要提供路线指引的时候，你就不必一一输入，而可以直接复制粘贴了。再添加一句"很期待见到你"，这样的邮件会使对方的好感度大幅提升。

公司各部门也可以整理各种模板在部门内共享。使用模板既可以缩短邮件写作时间，又可以提高业务品质，可谓一石二鸟。

摘选关键词实现速读

最后，我来讲解缩短邮件阅读时间的方法。

提到缩短邮件处理时间，大家很容易考虑到邮件的写作速度，但其实邮件的阅读速度也应该被考虑在内。从收到邮件到回复邮件的过程，包含了阅读对方邮件这一步骤。

为了提高邮件的阅读速度，先要创造有助于集中精力的工作环境。例如，整理办公桌，不让电脑周围出现多余的东西。正如第 1 章提到的那样，处理邮件迅速的人，办公桌也整理得很好。

阅读邮件时，如果日历、便签等邮件以外的文字信息进入视野，注意力就容易分散。另外，如果桌子上乱七八糟，资料堆积如山，也有可能分散注意力，导致集中力下

缩短邮件的处理时间

降。要想快速阅读邮件，应先从整理办公桌开始。

快速阅读文章的技能被称为"速读"。速读能力强的人可以通过边摘选关键词边快速浏览，同时理解几行内容。想要缩短邮件阅读时间，你可以利用这个方法进行速读练习。

商务邮件不是小说，没有必要一字一语地品味。相反，快速浏览、抓住要点更重要。

因此，对于收件人称谓、问候、自我介绍等与邮件正题没有直接关系的部分，用一秒钟时间跳读即可。但即使阅读时间只有一秒，如果这些内容中有不同于一般写法之处，你会感到不太协调，这时再仔细阅读令你感到不协调的部分即可。

一开始，你也许没那么容易抓住要点，但坚持训练下去，你将逐渐获得几秒钟抓住要点，并跳读无用信息的能力。

相关人员的合作是实现快速阅读邮件不可缺少的因素。如果你收到的邮件的结构遵循了第 3 章介绍的 7 个构成要素，那么你只需要看要点和详细部分就可以理解邮件内容，从而实现速读。

因此，促使相关人员根据 7 个构成要素写邮件，有助于你收到更易于速读的邮件。

后记

感谢您阅读到最后。

读完这本书后,你是否觉得自己也有可能成为高效能人士?

在这里,我想给大家提一些建议。

首先,在实践本书中介绍的邮件处理方法时,除了速度,一定也要注意质量。不管邮件处理速度有多快,如果变成量产质量不好的邮件,也毫无意义。高效能人士不仅能快速处理邮件,还会努力保持邮件的高质量。希望大家也能拥有这样的能力。

其次,本书中介绍的方法有的有速效性,有的则需要两三周的时间才能呈现效果。焦躁是大忌。在实践这些方法时,请把这本书放在你的办公桌上,根据需要反复阅读。

再次,我希望大家能够以阅读本书为契机,与相关同事一起思考邮件处理的方法。就像第6章中提到的,只提高自己的邮件处理能力还不够，也需要改善相关同事发来的邮件。

要点明确的邮件能提高阅读速度，缩短处理时间。不再收到多余的邮件，能减少整体的处理时间。因此，希望大家根据这本书的内容，和相关同事探讨一下邮件处理的方法。

最后，工作效率提高对我们有什么好处？

本书中介绍了很多邮件处理的技巧，使用这些方法，一天能节约30分钟时间，按照一年250个工作日计算，就能节约125小时（约15个工作日）。

那么，问题是，如何利用这些时间？

当然，你可以用它来完成邮件之外的工作；也可以考取资格证书和学习语言等，提升自己；或者早点回家陪伴家人，度过美好的时光。无论如何，请让这些时间用得其所。

以上是我的4个建议。期待大家都能成功缩短邮件处理时间。